# Mundräuber Handbuch

## Tipps, Regeln und Geschichten
## zur Wiederentdeckung
## unserer Obstallmende

Planst du für ein Jahr,
so säe Korn.
Planst du für ein Jahrtausend,
so pflanze Bäume.

(Kuan Chung)

# Inhalt

# Vorwort



Jedes Jahr verderben herrliche Früchte an zigtausenden von in Vergessenheit geratenen Obstbäumen. An Wegen und Straßen, in verlassenen Gärten oder auf Grundstücken von Menschen, die wenig Zeit haben sie zu ernten und stattdessen lieber von weit her importiertes Obst aus dem Supermarkt kaufen. Und das obwohl es sich bei den Früchten, die wir links liegen lassen, oft um seltene, alte und äusserst schmackhafte Sorten handelt. Vielen Menschen blutet bei diesem Anblick das Herz. So auch Magdalene Ludwig aus Warstein, die uns im März 2010 diese Mail geschrieben hat:

*„Die letzten Äpfel aus dem eigenen Garten warten darauf, gegessen zu werden. Das sind die Ontario-Äpfel, die ich im Herbst im Keller zum Nachreifen eingelagert habe und die ihr Aroma erst nach einigen Wochen oder Monaten richtig entfalten.*
*Weitere vier Apfelbäume mit alten Sorten habe ich auch noch. Wenn ein gutes Apfeljahr ist, kann ich alles gar nicht verkochen und entsaften. Zehn Pflaumenbäume, ein riesengroßer Süßkirschbaum und ein Quittenbaum warten auch immer darauf, abgeerntet zu werden. Meine Erntehelfer sind: Wespen, Mäuse, Igel, Vögel und alles Getier, was Früchte mag. Reife Früchte biete ich in der Nachbarschaft und im Bekanntenkreis an. Einige sind froh, über einen Korb Äpfel oder Pflaumen, aber oft muss ich das Obst anpreisen wie „sauer Bier“. Eine Hauswirtschaftsfachklasse, der ich einen großen Korb Äpfel schenkte, beschwerte sich später, die Früchte seien so schnell schlecht geworden. Und ein Café mit hauseigenem Kuchen meinte zu meinen Boskop-Äpfeln: Die sind ja so klein. Mein Fazit: viele Leute wollen keine schmackhaften, gift- und düngemittelfreien Früchte. Das leckere Obst alter Bäume, voller Aroma, ist vielen gleichgültig. Hauptsache groß und glänzend.“*

Wir laden Euch ein, von der Fülle der fruchtigen Köstlichkeiten zu naschen, die die Natur für uns jedes Jahr von neuem bereit hält.
Ja, Ihr habt richtig gehört. Wir rufen Euch auf zum Mundraub! An den kilometerlangen Obstbaumalleen in Mecklenburg-Vorpommern, im Garten der älteren Dame drei Straßen weiter, an der Brombeerhecke hinter dem Sportplatz, auf dem kleinen Hügel im Park oder an der Mirabellenhecke neben dem Radweg. Damit Ihr beim Mundräubern nicht auf die schiefe Bahn geratet und keinen Schaden anrichtet, bietet Euch dieses

Handbuch Tipps, Regeln, Hintergrundinformationen und die ein oder andere wahre Geschichte aus dem Mundräuber-Alltag.
Kapitel 1 beschreibt, was wir unter Mundraub verstehen und was es mit dem Begriff Obstallmende auf sich hat. Tipps zum Ernten und Verarbeiten der „Beute" findet Ihr in Kapitel 2.
Kapitel 3 beschäftigt sich mit rechtlichen Aspekten: Wem gehören die Bäume? Wann und wo darf man ernten, ohne zum Obstdieb zu werden? Wer haftet, wenn jemand beim Mundräubern in meinem Garten von der

Leiter fällt? Außerdem: Nur mit fachgerechter Pflege und wenn regelmäßig junge Obstbäume nachgepflanzt werden, können sich auch noch unsere Kinder und Enkel an der Fülle von regionalem Obst erfreuen. Deswegen gibt Kapitel 4 Tipps zur Obstbaumpflanzung und -pflege. Mit dem Mundräuber-Manifest in Kapitel 5 legen wir Euch noch einmal in knapper Form Regeln zum richtigen Umgang mit Bäumen, Eigentum und der umgebenden Natur ans Herz, ohne die sich kein ehrenwerter Mundräuber auf die Pirsch macht. Häufig gestellte Fragen (FAQ) und eine kleine Anleitung zur Nutzung von mundraub.org findet Ihr ebenfalls in diesem Kapitel.

*Mundräubern ist kein sturer Konsum, Mundräubern bedeutet Bewegung in der uns umgebenden Natur, eine ungeahnte Vielfalt an frischem Obst und Spaß mit Freunden bei der Verarbeitung der Beute.*

Einige der unzähligen Ideen, wie Ihr gemäß dem Motto „Schützen durch Nützen" in Vergessenheit geratene Obstbäume Euren Freunden, Familien und anderen Menschen wieder ins Bewusstsein rücken und damit langfristig erhalten könnt, haben wir für Euch in Kapitel 6 zusammengestellt. Im Nachwort erfahrt Ihr dann noch etwas darüber, wer hinter Mundraub und diesem Handbuch steckt.

Geht mit uns auf Mundraub-Tour und entdeckt mit Händen und Mündern voller tiefroter Kirschen und sommerwarmer Birnen frisch vom Baum den Reichtum wieder neu, den die Natur für uns bereit hält.

Berlin, im April 2012
Euer Mundräuber-Schreibkollektiv

# Mundraub & Obstallmende

## Vergessenes Obst neu entdeckt[1]

Spätsommer 2009, in einer ländlichen Gegend im Osten Deutschlands: Flirrende Hitze, der süßlich-schwere Geruch vergärenden Obstes liegt in der Luft. Ein Baum saftiger Birnen, zu seinen Füßen liegen knöchelhoch verfaulende Früchte. Nur ein Steinwurf entfernt Sträucher mit wilden Pflaumen und Mirabellen, Holunderbüsche und ab und an ein Apfelbaum, vielleicht sogar eine alte, seltene Sorte? Eine Fülle an frischem Obst – in durchschnittlichen Jahren sind es sehr viel mehr, als Vögel, Insekten und andere Tiere als Nahrung benötigen – vergessen, verlassen, ungenutzt.

Gehört dieses Obst uns allen? Dürfen wir es ernten? Derzeit gibt es zumindest in Deutschland keine herrenlosen Bäume: Streuobstwiesen außerhalb von Siedlungen gehören meist Privatpersonen, selbst wenn sie nicht umzäunt sind. Die kilometerlangen Obstbaumalleen, die das Landschaftsbild in den neuen Bundesländern prägen, gehören den Kommunen, dem Land oder dem Bund, fruchtige Parkbäume den Städten. Obst zu ernten, ohne die jeweiligen Eigentümer um Erlaubnis zu fragen, kommt demnach schlicht und einfach Diebstahl gleich.

Die Fülle an nicht geerntetem Obst im öffentlichen Raum und die fehlenden Informationen über die jeweiligen Eigentumsrechte kommen einem Aufruf zum Handeln gleich. Wen fragen wir, wenn wir auf einen offensichtlich in Vergessenheit geratenen, brechend vollen Obstbaum stoßen, der sich uns geradezu anbietet?

Die Webplattform mundraub.org lädt dazu ein, solche Bäume auf einer interaktiven Karte einzutragen (zu „taggen") und Standortinformationen über bereits eingetragene Bäume abzurufen, die beerntet werden können.

Auf der Startseite von mundraub.org rufen einige grundlegende Regeln dazu auf, Privateigentum zu respektieren, darauf zu achten den Bäumen und der umliegenden Flora und Fauna keinen Schaden zuzufügen – kurz: sich fair zu verhalten.

Allen Unkenrufen zum Trotze, daß nun Horden rücksichtsloser, hungriger Städter über private Obstplantagen und Streuobstwiesen in ländlichen Gegenden herfallen und die ansässigen Landwirte in den Ruin treiben würden, gibt es keinerlei Hinweis darauf, daß seit dem Start der Mundraub-Initiative mehr Obst gestohlen würde oder mehr Schäden entstanden sind als zuvor. Die Nutzer übernehmen intuitiv Verantwortung: Mehr als einmal wurde eine Fundstelle auf Wunsch der Nutzer aus dem Netz genommen und damit „unsichtbar" gemacht, um den Ort vor Übernutzung zu bewahren.

Viele der mehr als 150 Presseartikel über die Mundraub-Initiative titeln "Gratisobst für alle". Doch die meisten Nutzer fühlen sich vor allem der Idee des Teilens und des Crowdsourcing[2] stark verbunden. Umsonst Obst zu ernten steht dabei hinter dem Gedanken zurück etwas beitragen zu wollen: Sie tragen Bäume ein, starten Diskussionen über botanische Details, verbreiten Rezepte oder alte Kulturtechniken in Verbindung mit lokalen Obstsorten weiter und - besonders wertvoll - erzählen wundervolle Anekdoten über die Fundstellen.

Dies alles sind erste Schritte auf dem langen Weg die ungenutzten fruchtigen Schätze als wiederentdeckte „Allmende" zu erhalten.

## Obst im öffentlichen Raum: Allmende für alle?

Mit den Dingen verschwinden die Worte, die sie beschreiben. So ist auch der Begriff „Allmende" - die gemeinschaftliche Nutzung und Pflege von Dingen - allmählich aus unserem Blickfeld geraten. Und auch umgekehrt wird uns fremd, was wir nicht mehr benennen können.
Die Allmende existierte bereits seit langer Zeit. Der Begriff bezeichnete ursprünglich die gemeinschaftlich genutzte Weide innerhalb eines Dorfes. Dort konnten die Mitglieder der Dorfgemeinschaft ihr Vieh weiden lassen.

Auch die Obstallmende – für und durch die Dorfgemeinschaft gepflanzte Obstbäume – hat eine lange Tradition. So erinnert das Büchlein „Äpfel fürs Volk"[3] an das vom „Großen Kurfürsten" Friedrich Wilhelm von Brandenburg im 17. Jahrhundert erlassene Pflanzedikt: Heiratswillige Paare sollten vom ortsansässigen Pfarrer erst dann getraut werden, wenn sie sechs Obstbäume auf öffentlichem Dorfgrund und sechs Eichen im Dorfwald gepflanzt hatten. Die Früchte der Eichen dienten der Schweinemast, zu der die Tiere im Herbst in den Wald getrieben wurden. Die Früchte der Obstbäume bereicherten den Speiseplan der Dorfbewohner.

Ob Dorfweide oder öffentlicher Obstbaumbestand:
Durch gemeinsam geschaffene Regeln war für alle Mitglieder der Gemeinschaft klar, wie sie die Allmende nutzen dürfen, so daß langfristig alle etwas von ihr hatten. Die gemeinschaftliche Nutzung funktionierte meist sehr gut. Unsere moderne Vorstellung darüber, was bei dieser Art des Umgangs mit Gemeingütern geschieht, ist dagegen eine ganz andere: Unser Denken ist geprägt von einem Menschenbild, das davon ausgeht, daß alle Nutzer einer gemeinschaftlichen Ressource vorrangig im Eigeninteresse handeln. Dann würden Dorfweiden oder öffentliche Obstbaumbestände automatisch übernutzt. Nach dieser weit verbreiteten Mär von der so genannten „Tragik der Allmende"[4] kann der tragische Ausgang nur verhindert werden, indem die Allmende entweder Eigentum eines privaten Akteurs wird, der sie alleine nutzt und erhält, oder indem der Staat Nutzungsregeln (z.B. Beweidungsrechte) erlässt und diese wenn notwendig auch mit entsprechenden Sanktionen durchsetzt.

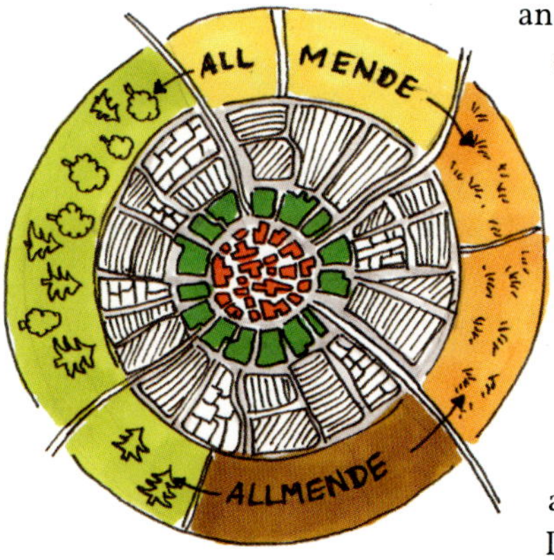


Der „Mär" von der Tragik der Allmende scheint in der Vergangenheit Glauben geschenkt worden zu sein. So wurden in der Tat viele gemeinschaftlich genutzte Güter entweder privatisiert, oder unter staatliche Hoheit gestellt, und im Laufe der Zeit sind unsere Allmenden allmählich verschwunden[5]. Die Flächen wurden eingehegt, und meist ist nur noch ein Eigentümer für die Nutzung verantwortlich. Heute befinden sich alle Bäume und Flächen in festem Eigentum, und nur wenige Gemeinden verfügen gemeinschaftlich über die Obstressourcen.

In der Bundesrepublik wurde darüber hinaus ein großer Teil der freistehenden Obstbäume im Zuge des 1953 vom Bundesernährungsministerium gefassten „Emser Beschlusses" abgeholzt. Bis 1974 fällte man so aus Rentabilitätserwägungen – gefördert durch eine Rodungsprämie der Europäischen Gemeinschaft – bundesweit rund 70% der Streuobstbäume, während Obstbäume kilometerlanger Straßenallen fielen, um die Verkehrssicherheit zu erhöhen[6,7,8].

*Bild oben: Mittelalterliche Stadt. Innen: Ortskern mit Häusern und angrenzenden Grünflächen, weisser Ring: bestellte Flur, außen: Allmende*

In der ehemaligen DDR wurden die Obstbaumalleen dagegen ungefähr zur gleichen Zeit noch einmal aktiv nachgepflanzt, da dies als volkswirtschaftliche Aufgabe gesehen wurde und die Bäume einen hohen Nutzwert hatten[9]. Doch auch diese Bäume haben heute mit 50 oder 60 Jahren längst ihren Zenit überschritten. Jahr für Jahr sterben mehr davon ab oder müssen aus Sicherheitsgründen gefällt werden.

Nachpflanzungen im großen Stil gibt es nicht. Und da viele von uns zudem lieber auf günstige Importware aus Neuseeland und Chile zurückgreifen, ist der regionale Obstanbau auf Streuobstwiesen in den meisten Fällen wirtschaftlich nicht rentabel.

Doch mit dem Verschwinden unserer Allmenden – wie in diesem Fall des gemeinsamen Obstbaumbestandes – haben wir auch die Regeln und das Wissen um die gemeinsame Verwendung von Ressourcen aus dem Auge verloren. Und daß wir in der gemeinsamen Verwaltung und Nutzung von gemeinschaftlich genutzten Ressourcen aus der Übung gekommen sind, erklärt teilweise auch, warum „Allmenden" wie die Fischbestände in unseren Ozeanen oder lokale und regionale Trinkwasserspeicher heute in alarmierendem Ausmaß übernutzt werden.
In anderen Fällen, etwa bei auf öffentlichem Grund stehenden Obstbäumen, führt das Fehlen von Regeln und „Blaupausen" für eine gemeinschaftliche und nachhaltige Nutzung hingegen dazu, daß die Allmende unternutzt wird – sei es, weil uns die fruchtigen Schätze in unserer nächsten Umgebung nicht mehr bewusst sind, sei es, weil ein Spaziergänger, den ein offensichtlich nicht beernteter Birnbaum am Wegesrand lockt, nicht weiß, ob und unter welchen Bedingungen er einige Früchte ernten dürfte.

Dabei sind Streuobstwiesen und Obstbaumalleen nicht nur mit Blick auf die Früchte ein wertvolles Gut, sie prägen darüber hinaus unsere Kulturlandschaft und sind eine unerschöpfliche Quelle von Biodiversität.

i

RARE OBSTSORTEN

Eine ausgezeichnete Sammlung von Bildern und Beschreibungen alter Obstsorten bietet die Obstdatenbank des BUND Lemgo: www.obstsortendatenbank.de.

Rund 3.000 oft nur regional vorkommende Apfel- und Birnensorten, aber auch Kirschen, Walnüsse, Zwetschgen und Pflaumen gibt es in Deutschland laut NABU[10] – im konventionellen Ertragsobstanbau haben bei den Apfelsorten dagegen beispielsweise nur etwa 20 Sorten eine Bedeutung. Daher ist auch die Sortenvielfalt der Streuobstwiesen und Obstbaumalleen kostbarer Teil unseres Kultur- und Naturerbes und in dieser Hinsicht ebenfalls eine Allmende, die wir auch für kommende Generationen erhalten sollten.

Vor diesem Hintergrund entdecken heute immer mehr Menschen wieder den Wert des gemeinsamen Handelns und der Allmendenutzung. Unter dem Begriff der „Gemeingüter" (engl: Commons) machen sich viele wieder damit vertraut. Im Jahr 2009 erhielt die Wissenschaftlerin Elinor Ostrom sogar den Nobelpreis für Wirtschaftswissenschaften für ihre Erkenntnisse darüber, unter welchen Voraussetzungen endliche Ressourcen gemeinschaftlich genutzt werden können, ohne daß es zu einer Übernutzung kommt. Bei ihrem Streifzug durch die ganze Welt sammelte Ostrom über Jahrzehnte hinweg mehr als 2.000 funktionierende Beispiele, die zeigen unter welchen Voraussetzungen Menschen sehr wohl imstande sind Ressourcen kooperativ zu nutzen und dabei dauerhaft zu schonen.

Zwar lassen sich aus Ostroms praxisorientierten Forschungsergebnissen keine Patentrezepte ableiten, dennoch fand sie acht „Design-Prinzipien", die vielen erfolgreichen Allmendenutzungen gemeinsam sind. Dazu gehören z.B. die klare Abgrenzbarkeit zwischen berechtigten Nutzern und Nichtnutzern, die Stimmigkeit der Nutzungsregeln mit den Gegebenheiten vor Ort sowie gemeinschaftliche Entscheidungen gepaart mit einer kontinuierlichen und möglichst selbstorganisierten Überwachung, so daß nicht gegen die vereinbarten Regeln verstoßen wird.

Doch was hat all dies mit Mundraub zu tun? Die Wiederentdeckung von ungenutztem Obst als eine Form von Allmende mit Hilfe der webbasierten Mundraub-Karte[11] könnte ein weiteres Beispiel für Elinor Ostroms Theorie werden, wie Menschen gemeinschaftlich und selbstorganisiert ein Kollektivgut effektiv nutzen und dauerhaft bewahren können.
Indem Mundraub-Nutzer Obstbaumstandorte entdecken und auf mundraub.org eintragen, machen sie die in Vergessenheit geratenen Ressourcen zunächst einmal wieder sichtbar. Bereits vor dem eigentlichen „Taggen" (zu deutsch: markieren) der Fundstellen auf der Mundraub-Karte kommen die Obstbäume wieder ins Gespräch, denn zunächst

müssen die Eigentumsverhältnisse geklärt werden: mit der zuständigen Gemeinde, den Gartenbesitzern oder den Nachbarn.

Ist im Einklang mit den rechtmäßigen Eigentümern die Obstallmende wieder für die Allgemeinheit freigegeben, wird sie zu einem Geschenk für uns alle, zu einer Aufforderung, am Obst der Bäume teilzuhaben sowie die Gaben der Natur und die Früchte unserer Kultur schätzen zu lernen. Wer sich auf die Suche nach Mundraub-Früchten macht, wer sich mit anderen über sie austauscht, freut sich über dieses Geschenk und begreift verantwortungsvolles Handeln rund um die Obstallmende als unseren gemeinsamen Schatz und als ein Geschenk, das wir weitergeben können – denn daß hungrige Obstmäuler auch einen Beitrag dazu leisten sollten, unsere Obstallmende langfristig zu erhalten, sollte sich dabei von selbst verstehen.

Mit der Möglichkeit auf mundraub.org, nach der Klärung der Eigentumsverhältnisse, die Standorte von Obstbäumen zu veröffentlichen, mit den wenigen „Benimmregeln" für faires Mundräubern und mit diesem Handbuch möchten wir dazu beitragen, gemeinsam Verantwortung für die fruchtige Fülle zu übernehmen – selbstorganisiert, jenseits von Markt und Staat und ganz im Sinne der „Ostrom Schule".

i

Wer zum Thema ALLMENDE weiterschmökern möchte, der findet hier Lesefutter:
„Der Gemeingüter-Report: Wohlstand durch Teilen", Silke Helfrich, Rainer Kuhlen, Wolfgang Sachs und Christian Siefkes, Heinrich-Böll-Stiftung 2010.
„Was mehr wird, wenn wir teilen – Vom gesellschaftlichen Wert der Gemeingüter", Elinor Ostrom und Silke Helfrich (Hg.), oekom verlag 2011.
„Commons: Für eine neue Politik jenseits von Markt und Staat", Silke Helfrich und Heinrich-Böll-Stiftung (Hg.), Transcript Verlag 2012.

„So ist es, das Schicksal herrenloser Äpfel, und so geht es Jahr um Jahr: Entlang der Alleen, in Parks und auf Verkehrsinseln vergammelt das Obst. Tonnenweise."

## Mundraub.org - Wer, Warum, Wohin?

Einer der Dreh- und Angelpunkte der Aktivitäten um die Wiederentdeckung der Obstallmende in Deutschland ist die Internetplattform mundraub.org. Seit dem Start im Jahr 2009 haben mehr als eine halbe Million Menschen auf die Webseite zugegriffen. Mehrere hundert arbeiten aktiv an der Online-Obstbaumkarte mit. Über 4.000 Fundstellen sind bisher eingetragen. Grob geschätzt entspricht dies 20.000 bis 30.000 Obstbäumen. Doch wer sind die Menschen hinter der Plattform mundraub.org? Aus welchen Beweggründen wurde sie ins Leben gerufen? Und wohin soll die Reise gehen in den nächsten Jahren? In den knapp 200 Beiträgen in Printmedien, Funk und Fernsehen lässt sich aus dem Blickwinkel externer Journalisten einiges darüber erfahren. Einige schöne Passagen haben wir für Euch deswegen hier zusammengestellt.

Unter dem Titel „Rettet das Fallobst" schreibt die Financial Times Deutschland am 14.09.2010:

> „Sie sind knackig und frisch, haben rote Bäckchen, stehen voll im Saft - und trotzdem will niemand die schönen Brandenburgerinnen haben! Zu Tausenden fallen sie dieser Tage überreif von den Bäumen, zerplatzen, werden überfahren, faulen und schimmeln vor sich hin. So ist es, das Schicksal herrenloser Äpfel, und so geht es Jahr um Jahr: Entlang der Alleen, in Parks und auf Verkehrsinseln vergammelt das Obst. Tonnenweise."

Und die Süddeutsche Zeitung verrät am 17.08.2010 in ihrem Artikel „Schüttel mich!", wo und wie die Mundraub-Initiative ihren Anfang nahm:

> „Man kennt das Problem aus dem Märchen: Ein vollbehangener Apfelbaum bettelt in „Frau Holle": „Schüttle mich, wir Äpfel sind alle miteinander reif!" Diesem Wunsch kommt nur die Goldmarie nach. Ihre Schwester ist zu faul – und erhält die gerechte Strafe in Form einer Pechdusche.
> Daß sich im Gegensatz dazu heute niemand mehr mit dem Schicksal vergessener Bäume beschäftigt, bemerkte Katharina Frosch auf einer Bootsfahrt mit ihrem Bekannten Kai Gildhorn im August 2009. „Am Ufer standen jede Menge Büsche, Mirabellen und Zwetschgen hingen in den Fluss, die reifen Früchte fielen einfach ins Wasser", erzählt sie, „da kamen wir uns mit unserem Proviant aus Supermarkt-Äpfeln ganz komisch vor."

Das Magazin Oya beschreibt in seiner Januarausgabe aus dem Jahr 2010 noch etwas detaillierter, wie daraus die Mundraub-Idee entstanden ist:

> Es sah gar nicht so aus, wie man sich die vermeintlich ärmlichen und öden neuen Bundesländer vorstellt, überhaupt nicht. Die jungen Leute wähnten sich vielmehr im Paradies. Als einige der heutigen Mundraub-Aktivisten vor zwei Jahren in Sachsen-Anhalt eine sommerliche Paddeltour unternahmen, wurde der Reichtum dieses Landes mit einem Mal buchstäblich greifbar: Überall an Wasserläufen, Feldern und öffentlichen Wegen bogen sich reife Obstbäume unter ihrer Last, doch offenbar interessierte sich niemand für sie; sogar einige Gartenbesitzer schienen mit der Fülle nichts anzufangen. Die Paddler mundräuberten nach Herzenslust und begannen, an einer Frage zu knabbern: Wie ließe sich erreichen, daß die Menschen den Wert der heute vergessenen und verschmähten Bäume wieder begreifen? Diese Fülle schrie doch danach, gesehen und genutzt zu werden. Da werden mit ungeheurem Aufwand Früchte aus Neuseeland oder Chile importiert, während in der eigenen Region monatelang viele Tonnen von leckerem Obst unterm Baum vergammeln, Obst, das meist allen gehört und nichts kostet. Es musste ein cleverer Weg gefunden werden, der Konsumenten mit Gespür für den Wert von regionaler Kost mit der saisonalen Fülle verbinden würde.

*Transport zum Verzehr: ein Herbstspaziergang*

Die Berliner Zeitung beschreibt in der Ausgabe vom 21.07.2010, wie sich vor diesem Hintergrund die Idee, nicht abgeerntete Obstbäume auf einer Internetseite zu kartieren, weiter konkretisiert hat:

*Transport zum Verzehr: 15.000 km mit dem Frachtschiff*

> Seit November gibt es nun die Seite, auf der mit kleinen Piktogrammen Fundstellen von Apfel-, Kirsch- und Birnbäumen, Heidel- und Himbeeren, Schlehen, Bärlauch und Sanddorn verzeichnet sind. Schon bevor die Seite freigeschaltet war, wurde das Projekt vom Rat für Nachhaltige Entwicklung mit dem Nachhaltigkeitspreis prämiert.

*Dasselbe in grün? Zumindest während der Erntezeit sind Äpfel aus der Region zweifelsfrei die ökologischere Wahl.*

Innerhalb weniger Wochen begeisterten sich neben den beiden Initiatoren Kai Gildhorn (Umweltingenieur) und Katharina Frosch (Innovationsökonomin) drei weitere Mundräuber für die Idee.

hinzu kamen Mirco Meyer (Pädagoge), Justin Buckley (Graphikdesigner) und Daniel Nielsen (Webentwickler), und das Kernteam war zunächst einmal komplett.

„Mundraub per Mausklick: Zur Obsternte ins Regierungsviertel" titelt der STERN am 05. 08.2010:

> Kirschen vor den Ministergärten, Mirabellen beim Flughafen Tempelhof - wer Obst essen will, muss in Berlin nicht unbedingt in den Laden oder auf den Markt gehen. Denn die Hauptstadt bietet Früchte in Hülle und Fülle, für die nicht gezahlt werden muss.
> Wer die „öffentlichen" Obstbäume finden will, dem empfiehlt der 37-jährige Unternehmer Kai Gildhorn: „Einfach die Augen offen halten" - oder auf www.mundraub.org nachschauen [...]. Dort sind frei nutzbare Obstbäume in ganz Deutschland und darüber hinaus verzeichnet. [...]
> Was klingt wie eine Spaßaktion, hat einen politischen Hintergrund. „Wir wollen, daß man wieder ein Bewusstsein bekommt für das, was vor der Haustür ist, und nicht Äpfel aus Südafrika oder Neuseeland isst.

Auch DIE ZEIT hat das „Internetprojekt mit Kern-Kompetenz" (04.08.2010) entdeckt, und beschreibt besonders schön, wie selbst ausgefuchste Mundraub-Mitgründer immer wieder die Natur in ihrer nächsten Umgebung von neuem entdecken, wenn einmal das Auge geschärft ist:

> Neulich hat jemand auf der virtuellen Karte einen Maulbeerbaum markiert, am S-Bahnhof Schöneweide neben der Döner-Bude. Gildhorn hatte keine Ahnung, was das ist und ob man es essen kann. Kann man.
> Überhaupt nimmt er seine Stadt anders wahr, seit er die Seite betreibt. Beim Radfahren guckt er ständig nach links und rechts, ob da vielleicht was Essbares hängt. Auch vor der eigenen Haustür wurde er fündig, an der Warschauer Brücke in Friedrichshain steht ein Aprikosenbaum. Wie hatte er den nur übersehen können, all die Jahre.

Auch wenn die Internetplattform mundraub.org wertvolle Dienste bei der Kartierung der Obstschätze und der Vernetzung der Nutzer untereinander leistet, lebt die Mundraub-Idee insbesondere davon, daß Menschen nicht abgeerntete Obstbäume in der realen Welt wieder für sich entdecken und daß daraus der Wunsch entsteht, diese als Obstallmende gemeinsam zu fördern und zu erhalten. So beschreibt das Magazin OYA treffend die Chancen, aber auch die Herausforderungen, die uns bei der Wiederentdeckung der Obstallmende begegnen:

» Allmenden bedürfen auch der Pflege. Viele der heute auf öffentlichem Grund wachsenden Obstbäume verdanken wir Menschen, die diese meist vor Jahrzehnten angepflanzt und lange Zeit gepflegt haben. In der heutigen Zeit entscheiden sich Strassenbauämter und Kreise kaum mehr für Obstbäume, wenn es um Ersatzpflanzungen in Alleen geht oder gar um deren Neupflanzung. Wir können zwar die Früchte jener Anstrengungen vor einigen Jahrzehnten genießen, aber wenn diese Bäume nicht fachgerecht beschnitten werden oder wenn sie schließlich an ihre natürliche Altersgrenze gelangen, wird es mit der Fülle in absehbarer Zeit vorbei sein. […]

Die obersten Mundräuber sind der Ansicht, daß Menschen nur selten aus purem Altruismus handeln; in der Regel wollen sie den persönlichen Vorteil erkennen, der aus ihrem Handeln erwächst. Aus diesem Grund müsse es zunächst darum gehen, den Ernte-Orten neue Nutzer zu verschaffen. Denn erst wenn die Menschen eine Verbindung zu ihrer Lieblings-Pflaumenallee aufgenommen haben, werden sie das Bedürfnis verspüren, den Bäumen, beziehungsweise dem Ort, etwas zurückzugeben für die geschenkten Früchte.

Das Interesse am Erhalt der Bäume dürfe sich nicht nur auf einige kulturkreative Stadtbewohner beschränken, meinen die Aktivisten – übrigens alle als »Landeier« geboren.
Die Kommunen und Gartenbesitzer auf dem Land müssten eine touristische Chance in der Pflege ihrer lokalen Allmende sehen. Eine Gemeinde, auf deren Grund gesunde Bestände einer seltenen alten Apfelsorte wie dem leckeren „Altländer Pfannkuchen“ stehen, verfügt über ein ebenso wertvolles touristisches Alleinstellungsmerkmal wie das niedersächsische Bohnenburg, dessen Birnbaumreihung 2009 den Titel „Allee des Jahres“ erhielt. «

Ein Teil dieser Vision aus dem Jahr 2010 wird gerade Wirklichkeit: Seit Anfang 2012 wird in einem Pilotprojekt, das von der Deutschen Bundesstiftung Umwelt unterstützt wird, die Region Hasetal nördlich von Osnabrück zur bundesweit ersten Mundraub-Region entwickelt. Dort führt ein knapp 200 km langer Radweg an rund 7000 Obstbäumen entlang, bei denen zur Erntezeit der „Mundraub" sogar ausdrücklich erwünscht ist. Die Obstbäume wurden jedoch bereits vor 15 Jahren gepflanzt, und neben der Ernte ist die Pflege zum Erhalt der Ertragsfähigkeit wichtig. In der Mundraub-Region Hasetal werden deswegen in den nächsten beiden Jahren nachhaltige Modelle zur Nutzung und Pflege entwickelt, die an die vorhandene touristische Infrastruktur in der Region anknüpfen, und die Obstbaumallmende zu einer schützenswerten und wertvollen Attraktion für Besucher und Bewohner machen.
Die Projektergebnisse werden in einem Handbuch veröffentlicht, das auch anderen Regionen ermöglicht, Mundraub-Region zu werden.

# Ernten und Verarbeiten



Erntezeit gleich Mundräuber-Zeit. In diesem Kapitel geht es nun endlich um das gemundräuberte Gut.

Eine gute Vorbereitung ist schon die halbe Apfelkiste! Man sollte genügend luftdurchlässige Transportbehältnisse dabei haben, z.B. Leinensäcke oder Holzkörbe. Eine Leiter oder eine Pflückhilfe erleichtert das Erreichen der süßesten Früchte hoch in der Baumkrone. Handschuhe benötigt man beim Ernten von Beeren in dornigen Büschen. Fallobst hat auch Sammlerwert und ist bestens für den Sofortverzehr oder eine zügige Weiterverarbeitung als Kompott oder Marmelade geeignet. Dabei sammelt ein wahrer Mundräuber aber immer nur so viel, wie er auch wirklich verbraucht, und erntet nie alles restlos ab. Es gibt nämlich auch noch die tierischen Mundräuber, denen die Früchte der Natur als Nahrungsgrundlage dienen.

Und egal ob man nun Früchte oder Pflanzenteile ernten möchte, wichtig ist, daß man sicher kennt, was da im Korb landet. Gefährlich wird es zum Beispiel, wenn man Bärlauch (Allium ursinum) mit dem ähnlich aussehenden, aber giftigen Maiglöckchen (Convallaria majalis) oder der noch giftigeren Herbstzeitlosen (Cholchicum autumnale) verwechselt. Da Bärlauch einen typischen, knoblauchartigen Geruch hat, kann man ihn durch Reiben der Finger an den Blättern relativ gut von den anderen Doppelgängern unterscheiden. Doch Vorsicht! Diese Methode funktioniert nur, wenn die Finger nicht schon durch vorangegangene Tests den Knoblauchgeruch angenommen haben.

Ein Apfelbaum kann bis zu 100 kg Früchte tragen. Ein Mundräuber kann 40 - 60 kg in einer Stunde pflücken oder 400 - 600 kg Fallobst in derselben Zeit sammeln. Aus 100 kg Äpfel bekommt man ca. 60 l Apfelsaft, aus einer Schubkarre voller Äpfel kann man etwa 10 Liter Apfelsaft pressen (abhängig von der Apfelsorte).

# Das Verarbeiten

Nach erfolgreicher Ernte und mit vollem Magen folgt die Frage, was man nun mit dem Rest des geernteten Obstes macht. War es zu Großmutters Zeiten noch eine Notwendigkeit, mit verschiedenen Konservierungsmethoden die Ernte über das Jahr hindurch haltbar zu machen, geriet diese Praxis mit fortschreitender Globalisierung und technischem Fortschritt langsam in Vergessenheit. Angebote exotischer Früchte über das ganze Jahr hinweg und billige, industriell gefertigte Obstkonserven ließen diese Tradition überflüssig werden.

Aber nun ist Mundraub wieder in aller Munde, die Sehnsucht nach ursprünglichem Genuss ist groß! Folgende Auswahl einiger Konservierungsmethoden dient dazu, das Mundraubgut über das ganze Jahr zu genießen und mit Freunden und Familie zu teilen.

## Lagerung

Wer gerade keinen luftigen Gewölbekeller besitzt, kann seine Äpfel auch im Schuppen oder im normalen Hauskeller lagern. Solange noch kein Frost ist, eignet sich auch der Balkon. Hauptsache es ist kühl (ca. 2°C bis 6°C), frostfrei und dunkel. Die Äpfel müssen lagerfähige Sorten sein und dürfen keine Druck- oder Faulstellen haben. Regelmäßige Kontrolle und das Aussortieren fauler Früchte verhindern das Ausbreiten schädlicher Mikroorganismen. Am besten bewahrt man sie in flachen, luftdurchlässigen Kisten auf und reiht sie mit dem Stiel nach unten dicht nebeneinander an. Äpfel lagert man nie mit anderen Früchten zusammen.
Das liegt an dem sogenannten Reifegas, dem Ethylen, welches Äpfel bei der Lagerung produzieren und das den Reifeprozess bei anderen Obstsorten beschleunigen kann.

i

LAGERSORTEN sind Winteräpfel, die erst nach einer gewissen Lagerzeit ihren Geschmack entfalten. Sie können je nach Sorte und korrekter Lagerung bis in den Sommer des nächsten Jahres aufbewahrt werden. Da man beim Mundräubern oft nicht die Apfelsorten kennt, die man gerade pflückt, ist die Zeit der Reife eine gute Orientierungshilfe. Spätreife Sorten sind in der Regel auch lange lagerbar.

Typische Wintersorten:
Boskop, Gloster, Cox Orange, Rote Sternrenette, Weißer Winter-Calville, Borsdorfer Apfel, Finkenwerder Herbstprinz, Glockenapfel, Altländer Pfannkuchenapfel, Eiserapfel.

Stiegenstapelsysteme, weitere Tipps und Tabellen zur Lagerfähigkeit verschiedener Apfelsorten gibt's beim BUND:

www.bund-lemgo.de
/lagerung-von-aepfeln.html
www.bund-lemgo.de
/ernte-haltbarkeit-nutzung.html.

# Trocknen

Das Trocknen – auch „Dörren“ genannt – ist eines der ältesten Verfahren, um Lebensmittel haltbar zu machen und eine einfache, natürliche, preiswerte und ökologische Konservierungsmethode.
Wichtige Mineralien wie Eisen und Kalium, aber auch die verdauungsfördernden Ballaststoffe liegen durch den Wasserentzug in konzentrierter Form vor. Daher ist getrocknetes Obst eine leckere und gesunde Alternative zu herkömmlichen Süßigkeiten. Klassisches Dörrobst unserer Region sind Äpfel, Birnen, Aprikosen, Pflaumen und Mirabellen. Wie man welche Früchte für das Trocknen vorbereitet, erfahrt Ihr in der Infobox. Wichtig beim Dörren ist die Qualität der Früchte. Sie sollen sonnengereift und ohne Lagerschäden sein.

Die ursprünglichste, traditionelle Methode ist das Dörren an der Luft. Hierfür fädelt man das Obst auf eine Schnur und hängt es an einen warmen, gut durchlüfteten Ort (Abb. A). Das Trockengut kann auch auf Gitterroste gelegt werden. Wichtig ist, daß sich die Früchte nicht berühren und von allen Seiten gut belüftet werden (Abb. B). So verhindert man während des Dörrprozesses die Bildung von Faulstellen und Schimmel.

Das Dörren im Backofen oder mit speziellen Dörrgeräten ist eine moderne Alternative zur Lufttrocknung. Diese Methode ist platzsparend und wetterunabhängig. Das Obst wird wie zur Lufttrocknung vorbereitet. Kommt es nun in den Backofen, sind folgende Dinge zu beachten:
Das Trockengut wird auf ein Gitter gelegt. Um die ganze Heizenergie zu nutzen, sollte man die Lebensmittel auf mehreren Gittern in den Ofen schieben. Das Obst darf nicht zu dicht aneinander liegen, und die Tür des Backofens muss einen Spalt geöffnet sein, um die Luftzirkulation zu gewährleisten. Die Temperaturschwankungen sollten möglichst gering gehalten werden. Der Trockenprozess ist fertig, wenn sich das Trockengut völlig trocken und ledrig anfühlt. Je trockener und härter das Obst ist, desto länger ist es haltbar. Problematisch ist dabei allerdings der relativ hohe Energieverbrauch im Verhältnis zur Ausbeute.

Trocknet man regelmäßig viel Obst, lohnt sich der Kauf eines Dörrgerätes (Abb. C). Diese Geräte sind sehr leicht zu bedienen und energieeffizienter als Backöfen. Sie haben mehrere Dörrsiebe, in die das Dörrgut eingefüllt wird. Die Geräte sind mit einem Temperaturregler ausgestattet und garantieren somit gleichmäßige Trocknung und ein einheitliches Ergebnis.

## Tipps zum Dörren

| Obstsorte | Behandlung | Hinweise |
|---|---|---|
| Äpfel, Birnen | Kerngehäuse ausstechen, in 0,5 bis 1cm dicke Scheiben schneiden | Vitamin-C- und Mineralstoffreich |
| Aprikosen, Pflaumen, Mirabellen | Waschen, halbieren und entsteinen | Reich an Eisen, gut für Dörrobstmischungen |
| Hagebutten | Waschen, halbieren und Kerne ausschaben, trocknen nicht über 35°C | Sehr reich an Vitamin C und Eiweiß |
| Erdbeeren | Waschen, halbieren, evtl. vierteln | Reich an Vitamin C |
| Blaubeeren | Waschen und kurz mit heißem Wasser abbrühen | Für Eierkuchen und Gebäck, hilft gegen Durchfall |

*Die einfachste Art zu Dörren ist entkerntes, in Scheiben geschnittenes Obst an Fäden aufzuhängen.*

*Alternativ gibt es mehrstufige Hängesysteme zum Trocknen an der Luft mit Belüftung durch Netze.*

*Wer es vollautomatisch mag, besorgt sich eine Dörrmaschine.*

## Heiß-Einfüllen und Einkochen

Den Unterschied beim Einkochen und Heiß-Einfüllen lässt die Bezeichnung schon erahnen. Beim Heiß-Einfüllen wird das zubereitete Obst heiß in sterilisierte (abgekochte) Gläser gefüllt und luftdicht verschlossen. Durch das Erkalten zieht sich die Masse zusammen, und es entsteht ein konservierendes Vakuum. Diese Methode eignet sich für sehr zuckerhaltige Zubereitungen wie Sirup oder Marmelade, da der Zucker zusätzlich konservierend wirkt.

Beim Einkochen füllt man die Früchte mit entsprechenden Gewürzen kalt ins Glas, verschließt es und erhitzt es im Wasserbad im Backofen oder in einem großen Topf für 20 bis 30 Minuten. Da diese Technik ohne Zucker auskommt, kann man damit auch Gemüse haltbar machen.

## Einfrieren

Diese moderne Methode geht schnell, ist einfach und schont die Vitamine, aber nicht die Umwelt und den Geldbeutel, da der Stromverbrauch von Tiefkühlgeräten relativ hoch ist.

Beerenobst sollte man zunächst einzeln auf einem Teller tiefkühlen und anschließend in eine Gefriertüte packen. Das macht zwar mehr Arbeit, dafür bleiben aber fast alle Vitamine erhalten und die Früchte in Form, und sie sind einzeln entnehmbar.

*Eingefrorene Holunderbeeren*

## Saft, Most und andere Flüssigkeiten

Sehr beliebt ist die Herstellung von eigenem Saft. Hierzu bringt man die gesammelten Früchte entweder zu einer Mosterei oder leiht sich mit mehreren Leuten eine mobile Saftpresse aus, um direkt nach dem Ernten die Saftherstellung selbst in die Hand zu nehmen.

Wein, Likör oder Obstbrand aus Früchten herzustellen ist eine weitere Methode des Haltbarmachens. Diese dienen nicht nur dem Genuss, sondern auch der Gesundheit, denn die gesundheitsfördernden Inhaltsstoffe der verschiedenen Früchte lassen sich bestens mit Alkohol konservieren.

**i**

Auf mundraub.org sind momentan ca. 100 MOSTEREIEN eingetragen. Weitere findet man unter

www.nabu.de/themen/streuobst/service/05812.html

# Mundraub Erntekalender

| **Obst** | JAN | FEB | MÄR | APR | MAI | JUNI | JULI | AUG | SEP | OKT | NOV | DEZ |
|---|---|---|---|---|---|---|---|---|---|---|---|---|
| Äpfel | | | | | | | | ■ | ■ | ■ | | |
| Aprikosen | | | | | | | ■ | ■ | | | | |
| Birnen | | | | | | | | ■ | ■ | ■ | ▌ | |
| Süßkirschen | | | | | | ■ | ■ | ■ | ▌ | | | |
| Sauerkirschen | | | | | | | ■ | ■ | ▌ | | | |
| Maulbeeren | | | | | | ▐ | ■ | ▌ | | | | |
| Mirabellen | | | | | | | ■ | ■ | ▌ | | | |
| Pflaumen | | | | | | | ■ | ■ | ■ | ▌ | | |
| Quitten | | | | | | | | | ▐ | ■ | ■ | |
| Zwetschgen | | | | | | | ▐ | ■ | ■ | ▌ | | |
| **Beeren** | **JAN** | **FEB** | **MÄR** | **APR** | **MAI** | **JUNI** | **JULI** | **AUG** | **SEP** | **OKT** | **NOV** | **DEZ** |
| Brombeeren | | | | | | | | ■ | ■ | ■ | | |
| Blau/Heidelbeeren | | | | | | ▐ | ■ | ■ | ■ | | | |
| Himbeeren | | | | | | ▐ | ■ | ■ | | | | |
| Holunder | | | | | ▐ *Blüten* | ■ | ■ < | > ■ *Früchte* | ■ | | | |
| Johannisbeeren | | | | | | ■ | ■ | ■ | | | | |
| Sanddorn | | | | | | | | ■ | ■ | ■ | | |
| Schlehen | | | | | | | | | ■ | ■ | ■ | ■ |
| Wacholderbeeren | | | | | | | | ■ | ■ | ■ | | |
| **Kräuter** | **JAN** | **FEB** | **MÄR** | **APR** | **MAI** | **JUNI** | **JULI** | **AUG** | **SEP** | **OKT** | **NOV** | **DEZ** |
| Bärlauch | | | ▐ | ■ | ■ | | | | | | | |
| Estragon | | | | | ■ | ■ | ■ | ■ | ■ | ■ | | |
| Rosmarin | ■ | ■ | ■ | ■ | ■ | ■ | ■ | ■ | ■ | ■ | ■ | ■ |
| Rucola (Rauke) | | | | ■ | ■ | ■ | ■ | ■ | ■ | | | |
| Thymian | | | | | ■ | ■ | ■ | ■ | ■ | | | |
| Waldmeister | | | ■ | ■ | ■ | ■ | | | | | | |
| **Nüsse** | **JAN** | **FEB** | **MÄR** | **APR** | **MAI** | **JUNI** | **JULI** | **AUG** | **SEP** | **OKT** | **NOV** | **DEZ** |
| Esskastanien | | | | | | | | | ▐ | ■ | | |
| Haselnüsse | | | | | | | | ▐ | ■ | ■ | ▌ | |
| Walnüsse | | | | | | | | | ■ | ■ | ▌ | |

# Erntetipps

| Obst | Erntetipps und Hinweise |
|---|---|
| Maulbeeren | Da die reifen Früchte leicht vom Baum fallen, bietet es sich an große Tücher unter den Baum zu legen - nur die ganz reifen Früchte fallen beim Schütteln des Baumes herab. Die Früchte des Maulbeerbaumes reifen nicht gleichzeitig, sondern in Etappen, somit kann sich die Erntezeit über mehrere Wochen hinziehen. |
| Quitten | Da die überreifen Früchte schnell braun werden, kann die Ernte im frühreifen Zustand erfolgen. So lassen sich Quitten, von anderem Obst getrennt, bis zu zwei Monate lagern. |
| Äpfel & Birnen | Wer auf der Pirsch keine große Leiter mitnehmen will, kann einen Obstpflücker zur Hilfe nehmen mit dem auch Früchte in hohen Bäumen bequem erreicht werden können. Auch geeignet für Steinobst! |
| **Beeren** | |
| Brombeeren | Wegen eines möglichen Befalls mit dem Fuchsbandwurm sollten Brombeeren immer gut gewaschen werden. |
| Blau /Heidelbeeren | Blaubeeren sollten ohne die in Deutschland verbotenen Erntekämme gesammelt werden: Diese zerstören die Sträucher. Bitte also die Beeren per Hand pflücken. |
| Holunder | Holunder ist eine wichtige Bienenweide im Sommer. Die Blüten können Doldenweise gesammelt werden und zu Holunderblütensaft verarbeitet werden. Die Früchte ernten sich ähnlich der Sanddorntechnik auch sehr gut in gefrorenem Zustand. Hier können die harten Früchte leicht von den Dolden gestriffen werden. |
| Sanddorn | Da die Früchte im reifen Zustand sehr weich sind, leicht zerquetschen und mit Dornen umgeben sind, hat sich eine Erntemethode als sehr komfortabel herausgestellt:<br>Die Beeren befinden sich nur an den Triebspitzen. Die Spitzen dieser Äste vorsichtig abschneiden und anschliessend bei min. -16 °C in die Tiefkühltruhe packen.<br>Im gefrorenen Zustand können die Früchte einfach abgeschlagen werden.<br>Bitte feste Handschuhe benutzen und zum Schluss eventuell noch vorhandene Dornen aussortieren. |
| Schlehen | Wird auch Schwarz-oder Schlehdorn genannt. Der intensive, durch den hohen Gerbstoffgehalt verursachte Geschmack wird erst durch Frost abgemildert. Daher sollte er erst nach dem ersten Frost geerntet oder kurzzeitig im Tiefkühlfach eingefroren werden. |
| Wacholderbeeren | Wacholderbeeren sind eigentlich keine Beeren sondern Zapfen und werden gepflückt sobald sie die blaue Farbe angenommen haben. Wacholder selbst steht unter Naturschutz, die „Beeren" dürfen jedoch gesammelt werden. |
| **Nüsse** | |
| Esskastanien | Die Esskastanien oder Maronen sind ein ausgezeichnetes Nahrungsmittel. Sehr reich an Proteinen und Kohlenhydraten waren die sogenannten „Plumpsfrüchte" (sic!) bis ins 19. Jhd. das Hauptnahrungsmittel der Landbevölkerung in den Bergregionen Südeuropas. |
| Walnüsse | Die ausgereiften Früchte fallen von selbst vom Baum. Dieser Prozess kann sich je nach Witterung zwei bis vier Wochen hinziehen. Möchte man die Walnüsse lagern, müssen sie gut durchtrocknen. Dazu werden die gut gesäuberten Nüsse z.b. im Heizungskeller oder tagsüber in der Sonne auf Gittern getrocknet. |

# Köstliches aus der Mundraubküche

Mit dieser kleinen Palette an Rezepten wollen wir Euch Lust und Appetit auf die leckeren Köstlichkeiten machen, die man aus den erbeuteten Früchten und wilden Beeren zaubern kann. Aus Platzgründen haben wir nur eine kleine, aber feine Auswahl, passend zu den jeweiligen Konservierungsmethoden, zusammengestellt. Die Rezepte basieren so weit wie möglich auf ermundraubbaren Zutaten, die ganz nach Belieben, Geschmack und Vorhandensein verändert werden können. Natürlich freuen wir uns über jede gelungene Variation und hoffen, daß Ihr Eure neuen Mundraubkreationen mit uns und anderen Obstliebhabern teilen werdet.

LAGERÄPFEL

Äpfel sind so vielfältig, wie es Sorten gibt. Weil jede Sorte ihre eigenen Stärken hat, können wir sie in der Küche unterschiedlich einsetzen. Lageräpfel wie Boskop oder Cox Orange haben einen herb-säuerlichen Geschmack und sind nicht besonders saftig. Sie eignen sich daher vorzüglich für süße Kuchen oder für winterliche Genüsse wie Bratäpfel.

i

***Bratapfel***

Dieses weihnachtliche, einfache Rezept lässt sich fast komplett aus den gemundräuberten Schätzen des vergangenen Jahres herstellen.

- 4 große säuerliche Äpfel
- 1 ½ Tassen gemischte Nüsse (gehackt)
- ½ Tasse getrocknete Früchte
- etwas Marmelade (oder Pflaumenmus)
- etwas Rum oder selbstgemachter Likör
- etwas Zimt und Zucker

Die gewaschenen Äpfel entkernen, indem man sie vom Blütenansatz her vorsichtig aushöhlt. Die Äpfel dabei nicht durchstechen, so daß sie auf der Stielseite geschlossen bleiben.

Nun werden die gehackten Nüsse und die restlichen Zutaten mit Hilfe einer Gabel miteinander vermischt. Diese Mischung füllt man in die vorbereiteten Äpfel und bäckt diese in einer ofenfesten Form bei ca. 200°C für eine halbe Stunde.

## Getrocknete Früchte

### *Birnenbrot*

Ein Klassiker aus Dörrobst! Schmeckt auch mit anderen gemundräuberten, getrockneten Früchten. Zum Beispiel kann man statt der Rosinen auch getrocknete Maulbeeren verwenden.

HEFETEIG

- 250 g Mehl
- 1 Prise Salz
- 30 g Fett
- 2 Esslöffel Zucker
- 20 g Hefe
- etwas Milch

FÜLLUNG

- 200 g gedörrte Birnen
- 100 g gedörrte Pflaumen
- 100 g gedörrte Äpfel
- 50 g gedörrte Feigen
- 100 g Rosinen
- 75 g gehackte Nüsse
- 50 g Orangeat, 1 Tl Zimt, ½ Tl gemahlene Nelken, ½ Tl gemahlener Ingwer, ½ Tl gemahlener Kardamom, 2 El Rum, Zucker oder Honig je nach Geschmack

Einen Hefeteig zubereiten und zugedeckt an einem warmen Ort gehen lassen.

ZUBEREITUNG DER FÜLLUNG
Zuerst kocht man die gedörrten Birnen und Äpfel ca. 20 Minuten in etwas Wasser weich. Das weiche Dörrobst, die Rosinen und die Nüsse entweder mit einer Küchenmaschine oder einem scharfen Messer grob zerhacken oder durch einen Fleischwolf drehen. Nun rührt man den Rum und die Gewürze darunter.
Den gut aufgegangenen Hefeteig auf ca. 2-3 mm Dicke möglichst rechteckig ausrollen und mit der Füllmasse gleichmäßig bestreichen. Dabei einen Rand frei lassen. Danach den Teig aufrollen und die Enden zusammen drücken. Zum Schluss die Rolle mit Eigelb bepinseln und noch einmal 15 Minuten gehen lassen. Das Früchtebrot bei 180°C ca. eine Stunde backen bis es eine goldgelbe Farbe bekommt.

## Heiß-Einfüllen

### *Holunderblütengelee*
Dieser blumige, süße Aufstrich ist super lecker und ganz einfach herzustellen! Die Menge der Holunderblütendolden und die Wahl des Saftes kann man ganz nach Geschmack variieren:

- 10-15 Dolden Holunderblüten
- 1 L Apfelsaft (idealerweise selbstgemacht)
- 1- 2 Zitronen
- 1 kg Gelierzucker 1:1

Die Dolden mit dem Apfelsaft ca. 24 Stunden in einer abgedeckten Schüssel ziehen lassen. Anschließend entfernt man die Blüten indem man das Ganze durch ein Sieb gießt. Die Flüssigkeit wird in einem großen Topf aufgefangen und Zitronensaft und Gelierzucker dazugegeben. Nun alles noch ca. 4 Minuten sprudelnd kochen lassen und anschliessend heiß in zuvor abgekochte Schraubgläser füllen. Die Gläser sofort zuschrauben, auf den Kopf stellen und erkalten lassen.

i

Hier noch eine interessante Frischhaltemethode, die uns von Mundräuberin Annette zur Verfügung gestellt wurde:

„Wie meine Oma Marmelade frisch hielt:
Sie hat frisch gekochte Marmelade in abgekochte Gläser gefüllt und mit heißem Kokosfett übergossen, dann eine Zitronenscheibenhälfte in die Mitte des heißen Fetts gelegt. Vor dem Verzehr wurde die ca. 0,5cm dicke Schicht abgekratzt. Das war perfekt luftdicht und meiner Oma sicherer als jeder Verschluss. Eine oben glatt drübergelegte dünne Folie wurde mit einem kleinen Gummi über das Glas gespannt und hat den Staub abgehalten. So hielt die Marmelade im kühlen Keller bis zum nächsten Jahr und war ganz besonders lecker."

## Gefrorene Früchte

### *Shakes, Smoothies & Co.*

Für dieses Rezept können die Zutaten ganz nach Geschmack und Kühlschrankvorrat verändert werden. Grundsätzlich werden hierfür tiefgefrorene Früchte zusammen mit einer Flüssigkeit der Wahl (z. B. Joghurt, Sahne, Quark, Sojapudding) mit einem Stabmixer püriert und anschließend als eiskalter Früchteshake genossen. Der Fantasie sind hierbei keine Grenzen gesetzt.

GRUNDREZEPT
- 6-8 Eiswürfel
- 2 Handvoll tiefgefrorene Früchte
- 200 ml Saft, Milch, Joghurt, Sojamilch oder Sekt

Je nach Geschmack etwas Holunderblütensirup oder anderen hausgemachten Sirup zum Süßen hinzugeben. Alles mit dem Stabmixer pürieren (Sekt erst nach dem Pürieren hinzugeben) und sofort genießen.

VARIATION
(alles mit tiefgefrorenen Früchten, die Eiswürfel können auch weggelassen werden)
- Erdbeeren und Sekt
- ½ Erdbeeren
- ½ Blaubeeren und Johannisbeersaft
- Sauerkirschen,
- Saft einer ½ Zitrone
- 120 ml Sahne, Zucker

# Flüssiges

### *Sirup*

Sirup ist ein sehr zuckerhaltiges Konzentrat aus Früchten. Zur Herstellung werden diese mit Wasser aufgekocht und anschließend entsaftet. Der Saft wird mit Zucker versetzt und nochmals aufgekocht. Das heiße Konzentrat kommt anschließend in sterile Gläser (wichtig bei Sirup aus Früchten, sonst kann es schimmeln). Sirup ist vielseitig in der Küche verwendbar und kann auch statt Zucker eingesetzt werden.

### *Kirschsirup*

- 1 kg Sauerkirschen
- ½ l Wasser
- ½ kg Zucker

Die Kirschen werden entsteint, zusammen mit dem Wasser aufgekocht und vorsichtig mit einem Kartoffelstampfer oder Ähnlichem zerdrückt. Nachdem die Flüssigkeit abgekühlt ist, seiht man sie durch ein Tuch ab. Nun fügt man den Zucker hinzu und lässt das Ganze für ein paar Minuten köcheln. Sofort danach wird alles in kleine, sterilisierte (abgekochte) Gläser oder Flaschen gefüllt.

### *Rumtopf*

Mit dem Rumtopf ist es möglich, gesammelte Früchte je nach Jahreszeit und Sammelerfolg auf sehr schmackhafte Art haltbar zu machen. Diese Variante ist ideal, wenn man von vielen Obstsorten nur geringe Mengen hat. Passend zur kalten Jahreszeit sind die alkoholisierten Früchte dann am Ende des Jahres gut durchgezogen und fertig zum Genießen.

- 54%iger Rum oder auch Weinbrand, Kognak
- verschiedene Früchte nach Saison
- Vollrohrzucker

Man benötigt ein großes Gefäß, idealerweise einen großen Steintopf. Mit den ersten Johannisbeeren oder Erdbeeren wird angesetzt. Dafür ca. ¼ l Alkohol mit 250 g Vollrohrzucker verrühren und 125 g frische, saubere Früchte dazugeben. Hier und nach jedem weiteren Einfüllen neuer Früchte ist darauf zu achten, daß diese immer komplett mit Alkohol bedeckt sind. Dabei hilft ein Porzellanteller zum Beschweren der Früchte. Frühestens 6 Wochen nach dem Hinzugeben der letzten Früchte kann der Rumtopf genossen werden. Er passt übrigens vorzüglich zu hausgemachtem Eis oder auf einen Bratapfel.

i

SCHADSTOFFBELASTUNG VON OBST

Nach bisheriger Recherche konnten wir keine wissenschaftliche Veröffentlichung finden, die sich mit dieser Frage auseinandersetzt. Auch laut Dr. Werner Schuricht, einem Mitbegründer des Pomologen-Verein e. V.[12], gibt es dazu keine Publikationen. Sein Rat war lediglich, Straßenobst vor dem Gebrauch gut abzuwaschen und im Zweifelsfall lieber Obst von kaum befahrenen Straßen oder Feldwegen einzusammeln.
Falls sich jemand selbst mit diesem Thema beschäftigt, jemanden kennt, der das tut, oder sogar eine Master- oder Doktorarbeit zu dem Thema schreiben will: bitte bei uns melden!
Zwar gibt es offziell noch keine Studien zur Belastung von Strassenobst, doch kann man sich über die Pestizidbelastung von Supermarkt- und Importobst fast sicher sein. Greenpeace bewertete in seinem Greenpeace Pestizidratgeber 2012 fast ein Drittel der getesteten Supermarktware als „nicht empfehlenswert". Insgesamt wurden 351 Wirkstoffe nachgewiesen. Manches Obst oder Gemüse versammelte einen ganzen Cocktail von Chemikalien, so zum Beispiel eine Traubenprobe aus der Türkei mit 24 Pestiziden. Den Ratgeber gibt es unter www.greenpeace.de kostenlos zum Download. [13]

***Felsenbirnenlikör***

- Je 150 g Felsenbirnen und schwarze Johannisbeeren
- 1 Vanillestange
- 150 g weißer Kandis
- 1 Flasche Wodka (0,7 l)

Früchte waschen, abtropfen lassen und von den Stielen befreien. Zusammen mit der aufgeschlitzten Vanillestange und dem Kandis in eine Flasche geben und mit Wodka übergießen. Den Likör 6- 8 Wochen reifen lassen, dann in eine Karaffe filtern und noch einige Zeit durchziehen lassen.

## Sonstige Mundräuber-Raritäten

***Frühlingspesto von Bärlauch***

- Reicht für 2 Personen zu Pasta
- 1 große Handvoll frisch geernteter Bärlauch
- ¼ l gutes, neutrales Öl (muss kein Olivenöl sein)
- 4 El grob zerhackte Haselnüsse
- 3 El Holunderblütensirup
- 3 El frisch geriebener Parmesan
- Salz

Den Bärlauch waschen und grob zerkleinern. In ein hohes Gefäß geben. Die Haselnüsse ohne Öl in einer Pfanne leicht anrösten. Mit allen Zutaten zum Bärlauch geben und mit einem Stabmixer fein pürieren. Mit etwas Salz abschmecken, und fertig ist das Mundraub-Pesto.

### *Eifeler Oliven – Schlehen mal ganz anders*

In diesem ungewöhnlichen Rezept werden Schlehen in Salzlake und Gewürzen fermentiert, so daß sie wie Oliven verwendet werden können. Kleiner Tipp: Als Alternative kann man auch halbreife Kornelkirschen verwenden.

- 1 kg Schlehen (man kann auch weniger verwenden und entsprechend die Menge der Zutaten anpassen)
- 4 Zweige Thymian
- 4 Lorbeerblätter
- 1 Handvoll Nelken
- 1 l Wasser
- 250 g Salz

Das Wasser mit dem Salz und den Gewürzen aufkochen und abkühlen lassen. Die Schlehen waschen, Blätter entfernen und abtropfen lassen. Die Salzlake über die Schlehen geben und mindestens vier Wochen ziehen lassen. Mit der Salzlake in Gläser füllen. Eifel-Oliven lassen sich wie Oliven auf eine Pizza geben.

**i**

EMPFEHLUNGEN ZUM WEITERSCHMÖKERN

„Obst haltbar machen, Einkochen, einlegen, trocknen usw.", Marianne Obermair, Romana Schneider, Stocker 2011
„Wildes Obst", Rainer Schöller, Rombach 2010
„Essbare Wildpflanzen", Steffen Guido Fleischhauer, Jürgen Guthmann, Roland Spiegelberger, AT-Verlag 2011

„Dörren von Äpfeln und Birnen" Broschüre des BUND Lemgo, www.bund-lemgo.de/download/oekoland-obstbau/Bericht-Doerren-von-Aepfeln-und-Birnen.pdf

## Fruchtiger Mundraub oder strafrechtlich verfolgbarer Obstdiebstahl?

Wer kennt die Situation nicht: Ein Baum steht am Wegesrand, voller reifer Früchte, die einem das Wasser im Munde zusammenlaufen lassen. Ein Blick nach links, ein Blick nach rechts. Niemand zu sehen. „Iss uns", hört der Obsthunger. „Der Baum gehört jemandem, Du kannst doch nicht einfach Obst klauen!", sagt das Gewissen.
Ist Mundraub nun erlaubt oder nicht? In Deutschland wurde Mundraub als eigenständiges Delikt bereits mit der Strafrechtsreform im Jahr 1975 abgeschafft. Ursprünglich bezog er sich auf „die Entwendung oder Unterschlagung von Nahrungs- oder Genussmitteln oder von anderen Gegenständen des hauswirtschaftlichen Gebrauchs in geringer Menge oder von unbedeutendem Wert zum alsbaldigen Verbrauch." Mundraub konnte zuletzt mit einer Geldstrafe bis zu 150 DM oder mit einer Freiheitsstrafe bis zu sechs Wochen bestraft werden (§370 StGB Abs. 1 Nr. 5 a. F.).

Aber auch wenn das Delikt selbst im heutigen Strafgesetzbuch nicht mehr vorkommt, ist Mundraub keineswegs erlaubt, sondern kann weiterhin strafrechtlich verfolgt werden. An die Stelle des „Mundraub-Paragraphen" treten nach heute geltendem Recht die Regelungen zum Diebstahl in §242 (1) StGB:

§

„Wer eine fremde bewegliche Sache einem anderen in der Absicht wegnimmt, die Sache sich oder einem Dritten rechtswidrig zuzueignen, wird mit Freiheitsstrafe bis zu fünf Jahren oder mit Geldstrafe bestraft."

Ja bereits der Versuch ist strafbar (§242(2) StGB). Rechtlich ist das Stibitzen einer Handvoll Kirschen ohne vorherige Erlaubnis also mit dem Entwenden von z. B. 5 Euro aus einer Geldbörse gleichgestellt. Laut § 248a StGB gilt beim Diebstahl geringwertiger Sachen „Wo kein Kläger, da kein Richter", d. h. Polizei oder Staatsanwaltschaft werden nur dann aktiv, wenn z. B. der Obstbaumbesitzer Strafantrag stellt. Trotzdem gilt: Ohne ausdrückliche Erlaubnis der Baumeigentümer ist Mundraub schlicht und einfach Diebstahl, und kann auch als solcher geahndet werden.

Legal ist „Mundraub" also dann, wenn die Eigentümer der Bäume damit einverstanden sind, daß die Früchte gesammelt oder geerntet werden. Damit Mundräuber rechtlich nicht auf die schiefe Bahn kommen, sondern nach Herzenslust leckeres Obst naschen können, muss also zunächst geklärt werden, wem ein Baum oder Strauch gehört. Denn ein Strafrichter wird das Argument, man habe sich beim Pflücken auf Angaben im Internet verlassen, nicht gelten lassen – so die Meinung von Rechtsexperten einer großen Versicherung[14].

## Wem gehört der Apfelbaum?

Herrenlose Obstbäume gibt es in Deutschland nicht. Selbst wenn kein Zaun weit und breit zu sehen ist und die Bäume offensichtlich nicht abgeerntet werden, gehören Bäume und Früchte den Eigentümern des Grundstücks. Bereits das unbefugte Betreten von nicht-öffentlichem Gelände in Deutschland kann juristische Folgen haben – „also Augen auf!" beim Mundraub. Eigentümer können entweder Privatpersonen sein, oder aber – im Falle von Bäumen am Wegesrand, in Parks oder auf öffentlichen Plätzen – die Gemeinde, das Land oder der Bund, der das Eigentum an den jeweiligen Flächen innehat.

Um zu klären, ob die Eigentümer eigentlich mit der Nutzung und gegebenenfalls auch der Pflege ihrer Bäume überhaupt einverstanden sind, ist das persönliche Gespräch mit den Eigentümern der beste und meist auch der einzige Weg. An mancher Stelle ist jedoch ein wenig Mut, den ersten Kontakt aufzunehmen, eine Prise Beharrlichkeit, um sein Anliegen zu verdeutlichen, und oft auch eine gewisse Portion detektivischer Spürsinn gefragt, um überhaupt herauszufinden, wem ein Baum gehört. Ist der erste Schritt getan, entwickeln sich zwischen Mundräuber und Eigentümern jedoch oft wunderschöne Anekdoten und kreative Lösungen, wie nicht abgeerntete Bäume gemeinsam wieder zu einer für uns alle zugänglichen Obstallmende gemacht werden können.

RECHTSSICHERHEIT AUF MUNDRAUB.ORG

Wenn Ihr eine Fundstelle auf mundraub.org einstellt, bestätigt Ihr beim Absenden des Eintrages, daß Ihr die Eigentumsverhältnisse geprüft habt. Auch die Mundräuber, die sich auf der webbasierten Mundraub-Karte auf die Entdeckungsreise begeben, tun gut daran, vor der Ernte wenn möglich noch mal die Eigentumsverhältnisse zu prüfen. Oft genügt es schon, mit vorbeikommenden ortsansässigen Spaziergängern ins Gespräch zu kommen. Wenn Ihr dabei zusätzliche Informationen zu einem Standort erfahrt, seid so gut, teilt sie mit der Mundraub-Community und tragt sie als Kommentar zur Fundstelle auf mundraub.org ein.

i

Einige Beispiele, wie Mundräuber in der Vergangenheit auf ganz verschiedene Art und Weise hierfür eine Lösung fanden, haben wir als Anregung für Euch zusammengestellt:

Obstbäume an öffentlichen Straßen und Wegen gehören normalerweise der jeweiligen Gemeinde, dem Kreis, den Ländern oder dem Bund, auf deren bzw. dessen Grund sie stehen. Zwar könnte man hier argumentieren, daß die Bäume auf öffentlichem Grund stehen und somit durch den Steuerzahler finanziert werden bzw. wurden. In einigen Regionen übernehmen jedoch, z. B. initiiert von Mostereien und Kommunen, Privatpersonen Baumpatenschaften für die Bäume im öffentlichen Raum, kümmern sich um die fachgerechte Pflege der Obstbäume und dürfen dafür das Obst ernten[15]. Andernorts übernehmen Bürger gegen eine Gebühr eine Patenschaft und bekommen dafür jedes Jahr Streuobst-Apfelsaft von den „eigenen“ Bäumen (z. B. ein Angebot des Ökolöwe Umweltbund Leipzig e. V.[16]). In manchen Gemeinden, wie z. B. im hessischen Wetteraukreis[17], kann man das Ernterecht für Bäume auf öffentlichem Grund auch ersteigern, und der Erlös wird meist für den Erhalt der Obstbäume eingesetzt.

Also gilt hier wie bei allen Bäumen: Erst die Eigentumsverhältnisse klären, und dann dem fruchtigen Mundraub frönen.

Ansprechpartner ist in Gemeinden der Bürgermeister oder der Ortsvorsteher, auf Landkreisebene kann das Landratsamt vielleicht Auskunft geben. Der untenstehende Schriftwechsel zwischen einer obsthungrigen Bürgerin und einem Grünflächenamt in einer größeren Stadt aus dem Jahr 1999 zeigt, daß es manchmal ganz einfach sein kann, einen in Vergessenheit geratenen Baum wieder an die Allgemeinheit „zurückzugeben“: In vielen Fällen werdet Ihr durch das Gespräch mit der offiziellen

Seite viel mehr klären können, als nur wem der eine Baum gehört, den Ihr gerne beernten würdet. So erhielten Journalisten, die an offizieller Stelle die Rechtmäßigkeit von „Mundraub“ an lokalen Bäumen zu klären versuchten, in manchen Fällen die Freigabe des kompletten örtlichen Obstbaumbestandes.



*Anfrage an das Grünflächenamt*

*Betreff:*
*Anfrage für die Erlaubnis der Ernte der Früchte*

*Sehr geehrte Damen und Herren,*
*am Wasserturm Nord befindet sich ein Birnenbaum, der in diesem Jahr sehr viele Früchte trägt. Da sich der Baum außerhalb des Wohngebiets am Wasserturm Nord befindet nehme ich an, daß es sich bei dem Standort des Baumes um Grund und Boden der Stadt handelt.*
*Offensichtlich fühlt sich niemand für diesen Birnenbaum verantwortlich, da das Fallobst nicht aufgegessen wird und deshalb am Boden verfault.*
*Ich würde gerne die Früchte des Baumes ernten und zu Birnenkuchen verarbeiten. Deshalb möchte ich hiermit eine Erlaubnis für die Ernte der Birnen des Baumes einholen.*
*Für weitere Fragen stehe ich Ihnen gerne zur Verfügung,*

*Mit freundlichen Grüßen XY*

Antwort des Grünflächenamts

Sehr geehrte Frau XY,
der von Ihnen bezeichnete Birnenbaum befindet sich auf einem öffentlichen Grundstück der Stadt. Das Grünflächenamt hat keinen Einwand für eine private Nutzung der Früchte.

Mit freundlichen Grüßen

i. A.
Die Abteilungsleiterin
des Grünflächenamts

So beschreibt ein Artikel der Schweriner Volkszeitung vom September 2010 beispielsweise, wie das Schweriner Verkehrsministerium auf die Nachfrage reagierte:

> „Vor allem in den Jahren nach dem Weltkrieg wurden Obstbäume an Alleen gepflanzt um die Ernährungssituation für die Bevölkerung zu verbessern. [...] Wir haben nichts dagegen, wenn an unseren Straßen Obst geerntet wird, es sollte dabei aber auf die Verkehrssicherheit geachtet werden", sagte eine Sprecherin des Ministeriums ...[18]

Und die Gemeinde Spechbach ruft sogar aktiv ihre privaten örtlichen Obstbaumeigentümer dazu auf, Obst, das sie nicht vollständig selbst verwerten können, für die Allgemeinheit freizugeben, damit weniger verdirbt. Vordrucke zur Markierung der Bäume stellt die Gemeindeverwaltung interessierten Bürgern zum Download und als Druckversion kostenfrei zur Verfügung[19]:

*Abb.: Beispiel für Baummarkierung mit Ernteerlaubnis durch den Eigentümer*[20]

Für Parks und öffentliche Plätze gilt ähnliches wie für öffentliche Wege und Straßen. Manche Gemeinden geben ihren Obstbaumbestand frei, andere verbieten die Nutzung der öffentlichen Obstbäume. Meist steckt hinter solchen Verboten gar kein böser Wille, sondern es wird befürchtet, daß den Bäumen durch unsachgemäßes Beernten Schaden zugefügt wird oder daß sich gar ein Mundräuber z. B. beim Besteigen eines Baumes ernsthaft verletzt.

Auch in Gärten stehen viele Obstbäume, deren Früchte – besonders in obstreichen Jahren - von den Garteneigentümern nicht oder nur zu einem kleinen Teil geerntet und verarbeitet werden können. Da ist in manchem Privatgarten der ein oder andere Mundräuber hochwillkommen – natürlich nur nach vorheriger Absprache mit den Gartenbesitzern.

Daß es zwar Überwindung kostet, auf Obstbaumeigentümer zuzugehen, sich daraus aber wunderschöne Gegebenheiten entwickeln können, zeigt die Geschichte eines Mundräubers aus Sachsen-Anhalt. Er hat sich nach vielen Jahren endlich ein Herz gefasst, um einen übervollen Aprikosenbaum in einem Privatgarten „zu retten":

„[...] Auf meinen zahlreichen Radtouren kam ich immer wieder an einem Garten vorbei, wo Aprikosen nicht geerntet worden waren. Als das zwei Jahre später, also etwa 2005 wieder so war, traute ich mich zu klingeln an diesem riesigen Grundstück. Ich erwartete von einem riesigen Hund verbellt zu werden, stattdessen eine zaghafte Stimme: „Wer ist denn da? Kommen Sie doch herein." Das Gartentor war offen. Ich bat für Geld und gute Worte darum, ein paar von den Aprikosen ernten zu dürfen. „Gerne, aber bitte lesen sie die heruntergefallenen, schlechten auf und bringen Sie sie in die braune Tonne". „Geld, nein, nein, nicht, ich bin froh, wenn das jemand nutzt und es nicht alles verkommt." Später habe ich dann noch Äpfel lesen sollen und gern gemacht. So habe ich über etwa drei Jahre so viele Äpfel zum Mosten abgeliefert, daß ich heute noch 230 Flaschen bei [einer] Mosterei [...] stehen habe. Ich hatte diese Freizügigkeit und Freundlichkeit nicht erwartet und freue mich, Sie jetzt an dieser Geschichte Anteil haben zu lassen."

Bei Privatgärten ist der Eigentümer der erste und wichtigste Ansprechpartner. Vielleicht ist er gerade im Garten aktiv wie in der oben beschriebenen Mundräuber-Anekdote? Wenn nicht, lohnt es sich, Nachbarn zu fragen oder eine Nachricht am Zaun zu hinterlassen, um ins Gespräch zu kommen.

Und was ist mit dem Obst, das an einem ausladenden Zweig hängt, der keck über den Gartenzaun in den Nachbargarten oder auf den Gehsteig hinausreicht? Hier gilt nach § 911 BGB: Was am Zweig hängt, gehört dem Eigentümer des Gartens. Was auf dem Boden liegt, gehört demjenigen, dem das Grundstück gehört – es sei denn, es handelt sich dabei um öffentlichen Grund. Durch Schütteln nachzuhelfen ist selbstverständlich nicht erlaubt.

Bei Großflächen im Außenbereich, wie z. B. Wiesen, Feldern und Äckern, gibt es ebenfalls in der Regel immer einen Flächen-Eigentümer. Wichtig zu wissen ist dabei, daß im Außenbereich öffentlicher und auch privater Grund und Boden oft nicht eingezäunt werden darf. Selbst eine offen zugängliche Streuobstwiese darf also nicht ohne Erlaubnis betreten werden. Meist gestaltet sich das Ermitteln geeigneter Ansprechpartner von Großflächen im freien Land etwas komplizierter.

Mit ein bisschen Glück arbeitet der zu einem Feld oder einer Wiese gehörende Bauer gerade vor Ort, und Ihr könnt ihn direkt ansprechen. Oder der nächste Dorfschnack klärt die Frage, wer es bewirtschaftet. Falls die lokalen Ansprechpartner vor Ort nicht ausfindig gemacht werden können, sind Katasterämter, Landesumweltämter oder Agrargenossenschaften mögliche Anlaufstellen. Ein Rechtsanspruch auf eine Auskunft besteht jedoch für Mundräuber nicht.

Wenn der Eigentümer dann schließlich ermittelt ist, sollte auch geklärt werden, ob und an wen die Flächen verpachtet sind und ob die Obstbäume letztlich zum Mundräubern freigegeben werden können.

Beim Sammeln von Beeren, Kräutern und Pilzen in Wäldern gilt das für das jeweilige Bundesland relevante Landeswaldgesetz. Demnach gilt beispielsweise nach § 15 Abs. 7 des Waldgesetzes im Land Brandenburg: „Jedermann darf einen Handstrauß, Waldfrüchte, Pilze und wild wachsende Pflanzen in geringer Menge für den eigenen Gebrauch entnehmen, sofern die betreffenden Pflanzen nicht zu den besonders geschützten Arten gehören. Die Entnahme hat pfleglich zu erfolgen."
In Naturschutzgebieten – egal ob Wald oder Wiese – darf dagegen grundsätzlich nicht geerntet oder gepflückt werden.

# Sicherheit, Unfall & Haftung

Im Idealfall sitzen alle Mundräuber nach einer Ernte- oder Baumschnittaktion gesund und munter beisammen. Auf die eigene Sicherheit sowie die aller anderen Beteiligten oder Passanten zu achten, sollte für jeden Mundräuber oberste Priorität haben.

Prüft beim Anlegen von Leitern die Tragsicherheit der Bäume bzw. Äste. Das Beklettern von Bäumen empfiehlt sich nur, wenn es gar nicht anders geht: Es kann nicht nur leicht die Rinde der Bäume verletzt werden, sondern selbst dicke Äste können auch schneller brechen, als man ahnt, z. B. bei alten Bäumen oder den als sehr bruchempfindlich bekannten Kirschbäumen.

Zwar nicht gefährlich für Leib und Leben, aber dennoch unangenehm ist es, einen prallen Apfel aus größerer Höhe auf den Kopf zu bekommen. Apfelpflücken mit Fahrradhelm auf dem Kopf sieht zwar nicht schick aus, schützt aber vor der ein oder anderen Beule.
Beim Ernten an Wegen und Straßen muss ein Eingriff in die Straßen- und Verkehrssicherheit unbedingt vermieden werden. Dies bedeutet beispielsweise, daß der Verkehr nicht behindert wird, daß keine Fahrzeuge auf dem Seitenstreifen abgestellt werden und daß Verschmutzungen auf der Straße sofort entfernt werden (z. B. heruntergefallenes Obst - Besen mitnehmen!). Das Tragen von Sicherheitswesten, um schon von Weitem für andere Verkehrsteilnehmer sichtbar zu sein, schadet sicher auch nicht.

Gerade Gruppenaktionen auf befahrenen Straßen können ernste Gefahren für Mundräuber und Verkehrsteilnehmer mit sich bringen.
In diesem Fall lohnt eine offizielle Anfrage bei den zuständigen Behörden, die vorab beratend unterstützen und wenn notwendig noch auf weitere zuständige Stellen hinweisen. Die Initiatoren von mundraub.org hatten im Herbst 2010 beispielsweise beim Landesbetrieb Straßenwesen des Landes Brandenburg eine Erntegenehmigung für eine Mundraub-Ernteaktion mit Schülern für eine Landstraße eingeholt. Die prompte Antwort war positiv und enthielt viele hilfreiche Tipps, wie die Veranstaltung für alle Beteiligten zu einem Erfolg werden kann.

Was aber geschieht, wenn ein Mundräuber sich nach einem besonders lecker aussehenden Apfel etwas zu weit streckt, dabei auf einem fremden Grundstück von der Leiter fällt und sich ernsthaft verletzt? Passiert alles auf eigene Verantwortung? Oder haftet gar der Gartenbesitzer, von dessen Baum der Mundräuber fällt? - In der Regel fallen Ernte und Pflege unter "Gefälligkeiten", in diesen Fällen haftet der Verunglückte.

Bei Mundraub-Ernteveranstaltungen mit vielen Beteiligten (z. B. bei Schulausflügen) empfiehlt es sich für die Organisatoren der Aktion außerdem, eine Veranstaltungsversicherung für den Fall abzuschließen, daß es trotz der ergriffenen Sicherheitsvorkehrungen und aller Vorsicht zu einem Unfall kommen sollte. Diese kann bei jeder größeren Versicherungsgesellschaft abgeschlossen werden.

## Zu guter Letzt

Wie Ihr seht, gibt es keine allgemeingültige Vorgehensweise, wie man Bäume „befreit". Deswegen geht der Aufruf an alle – Baumeigentümer, Verwaltungen, Ortsvorsteher und obsthungrige Bürger: Macht mit, kommt miteinander ins Gespräch und klärt, welche Bäume genutzt werden können.

Denn: Die Erfahrung zeigt, daß gerade in Bezug auf öffentlichen Grund meist Konsens herrscht, daß eine nutzbringende Verwertung der Früchte durch Mundräuber allemal besser ist, als das Obst ungenutzt am Boden vergammeln zu lassen.

Und auch der ein oder andere Bauer oder Gartenbesitzer wird sich sicher freuen, wenn Ihr ihn ansprecht und helft, die Obstbäume von ihrer ungenutzten Last zu befreien.

Mundräubern, die im Auslandsurlaub auf Beutezug gehen, möchten wir ans Herz legen, ganz besonders rücksichtsvoll zu sein und Euch vor allem nicht auf die oben beschriebenen und für Deutschland gültigen Regelungen zu verlassen. Andere Länder, andere Sitten – die rechtlichen Regelungen und lokalen Gebräuche beim Umgang mit ungenutztem Obstbaumbestand sind sehr unterschiedlich.

KLARE KOMMUNIKATION AUF MUNDRAUB.ORG

Sind die Eigentumsverhältnisse geklärt, dann dürfen die Bäume auf mundraub.org eingetragen werden. Viele Augen sehen mehr als zwei – mit der Kommentarfunktion könnt Ihr ergänzende Hinweise zu bereits eingetragenen Bäumen geben. So können möglichst viele Bäume wieder sichtbar und nutzbar gemacht werden.

# Pflanzen & Pflegen



Jedes Jahr wachsen die herrlichsten Früchte an den unterschiedlichsten Obstbäumen scheinbar ohne die Hilfe und Pflege von Menschen. Es ist aber erwiesen, daß Obstbaumbestände europaweit dramatisch zurückgehen. Allein Streuobstwiesen verzeichnen einen bundesweiten Rückgang seit den fünfziger Jahren um ca. 70% - von 1,5 Millionen Hektar auf 450.000 Hektar.

Wurden noch bis in die 50er Jahre Obstbäume als Versorgungsgrundlage für die Bevölkerung gepflanzt, hat das in unserer heutigen Gesellschaft keinen Platz mehr. Dieses Kapitel zeigt, wie man für nachfolgende Generationen die Vielfalt und Fülle heimischer Obstsorten bewahren kann und daß es gar nicht so schwer ist, seinen eigenen Beitrag zum nachhaltigen Mundräubern zu leisten.

Die folgenden Kapitel zum Pflanzen und Pflegen von Obstbäumen lehnen sich inhaltlich an die ausgezeichneten Zusammenstellungen des Bayerischen Landesverbands für Gartenbau und Landespflege e. V.[21] und des NABU[22] sowie an die Publikation „Naturgemäßer Streuobstschnitt" des Landschaftspflegeverband Aschaffenburg e.V.[23] an.
Und so wird's gemacht:

## Junge Obstbäume pflanzen & Bäume selbst groß ziehen

### Bäume aus Samen ziehen

Diese Methode ist relativ einfach, verlangt aber viel Geduld, bis man endlich die ersehnten Früchte ernten kann. Am besten gelingt dieses Verfahren bei Wildarten, da diese kaum vom Menschen züchterisch verändert wurden.

Versucht man eine hoch veredelte Kultursorte aus einem Samen zu ziehen, erhält man eine neue Kreuzung, die meist ertragsärmer ist und kleinere Früchte trägt. Hier sollte man die weiter unten beschriebene Veredelung mit Reisern nutzen. Einen aus Samen gezogenen Obstbaum kann man dabei als Baumunterlage nutzen.
Gut geeignet für die Zucht aus Samen sind dagegen Wildarten wie Maulbeere, Sanddorn oder Haselnuss.
Wird der Baum gepflegt, belohnt er den Besitzer je nach Sorte und Standort nach ca. fünf bis fünfzehn Jahren mit seinen Früchten.

### Samen sammeln

- Bester Zeitpunkt: nachdem die Früchte gereift sind, aber bevor sie von den Tieren gefressen werden
- Kühl und trocken aufbewahren

### Samen vorbereiten

- Um die Samenruhe zu beenden, werden die Samen einem „Schlüsselreiz“ ausgesetzt - bei europäischen Bäumen ist meist ein Kältereiz zur Initiierung der Keimung erforderlich (die Samenruhe dient manchem Saatgut als Schutzmechanismus und verhindert, daß die Keimung zu einer ungünstigen Zeit beginnt)
- Samen dem Kältereiz aussetzen - entweder im Winter im Topf auf dem Balkon oder über drei bis vier Monate im Kühlschrank – jeweils am besten in einer Mischung aus Torf und Sand in einer verschlossenen Plastiktüte.
- Nach der Kälteperiode den Samen an einen warmen Ort stellen und warten bis die Keimung beginnt (so kann man sicher gehen, daß der Samen intakt ist)

### Samen aussäen

- Einen geeigneten Blumentopf mit Aussaaterde füllen
- Samen platzieren und mit Erde bedecken (ungefähr so hoch, wie der Samen dick ist)
- Stets feucht und warm (um 20°C) halten
- Sobald der Keimling sichtbar ist, braucht er viel Licht und Wasser

### Pflanze hegen

- Die junge Pflanze 2 Jahre im Topf lassen
- Entweder ins Zimmer oder im Sommer nach draußen an einen warmen Ort stellen

### Auspflanzen

- Nach ca. 2-3 Jahren (siehe Kapitel „Pflanzanleitung für Obstbäume“ weiter unten)

## Veredelung mit Reisern

Die Veredelung mit Reisern ist eine uralte Vermehrungsmethode, um genetisch identische Nachkommen zu erhalten. Sie eignet sich daher besonders, um alte Obstbäume oder die Lieblingssorte aus dem Garten sortenrein zu vermehren.

Es ist eine anspruchsvolle Technik, die aber mit etwas Übung schnell zum gewünschten Ernteerfolg führen kann.
Im Prinzip wird hierbei aus zwei Bäumen einer gemacht. Man benötigt einen sogenannten Edelreiser, der die gewünschten Früchte trägt, und eine entsprechende Unterlage (Wildling), die mit ihren Wurzeln die Basis des neuen Bäumchens bildet. Diese Veredelungstechnik macht sich die Reaktion des Baumes auf Verletzungen und die besondere Regenerationsfähigkeit junger Baumtriebe zunutze, welche den Reiser und die Unterlage an der Schnittfläche zusammenwachsen lässt.

Da es unterschiedlich stark wachsende Wildlinge gibt, kann man mit der richtigen Kombination aus Unterlage und Reiser einen perfekt an den Standort angepassten Obstbaum kreieren.

Der Edelreiser ist ein einjähriger Trieb (Wasserreiser), den man am Mutterbaum der gewünschten Obstsorte abschneidet. Für die Unterlage nutzt man einen aus Samen gezüchteten jungen Baum, dessen Krone abgesägt wird. Der Wildling und der Edelreiser sollten eng miteinander verwandt sein. Damit erhöht man die Wahrscheinlichkeit eines erfolgreichen Zusammenwachsens. Das heißt, daß sich ein Apfelreiser nicht mit einer Kirschunterlage verbindet. Eine Ausnahme macht dabei die Quitte. Möchte man sie als einen hochstämmigen Baum, sollte man als Unterlage eine Eberesche nutzen.

Der beste Zeitpunkt, um einen gesunden, bleistiftstarken Edelreiser zu schneiden, ist in der Winterruhe, etwa im Januar, wobei es nicht kälter als -4°C sein sollte. Die Edelreiser werden beschriftet und gelagert, indem man sie bei ca. 5 °C (z. B. im Keller) in feuchte Erde steckt.
Im Frühjahr, um den Mai herum, kann man mit dem Veredeln beginnen. Je nach Unterlage, Reiser und gewünschtem Ergebnis gibt es zum einen verschiedene Stellen am Gehölz, an denen das Zusammenwachsen erwünscht ist, zum anderen aber auch unterschiedliche Techniken mit denen man dieses Ziel erreicht.

Eines haben sie alle gemeinsam. Die Schnittstellen von Edelreiser und Basis müssen fest aufeinander gepresst und durch Zusammenbinden vor dem Verrutschen gesichert sein.

## Beispiel einer Veredelung: „Veredeln hinter der Rinde“

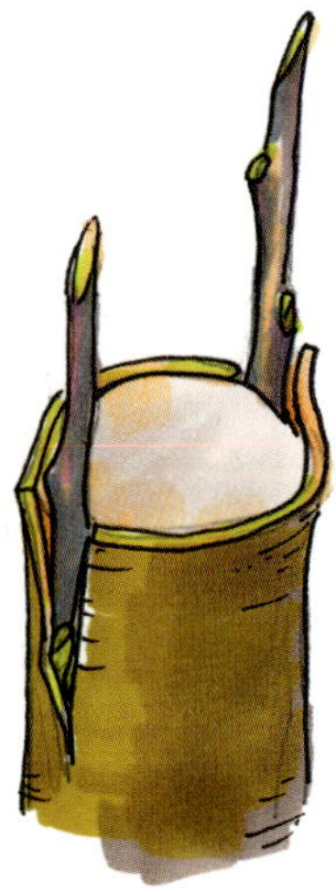

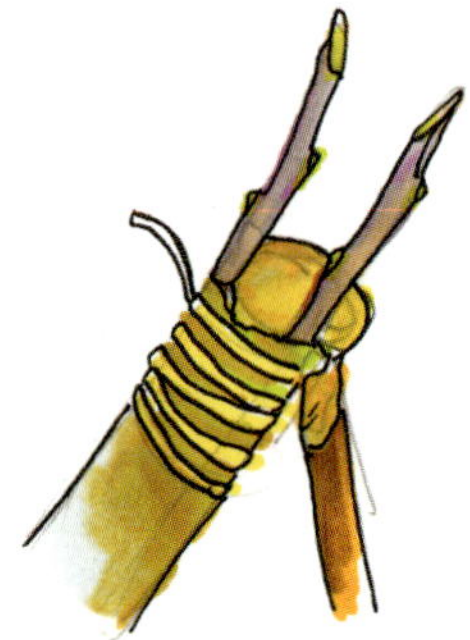

*Als Reiser dienen Einjahrestriebe mit kurzen Knospenabständen. Der Reiser wird mit einem Schnitt erst keilförmig so zugeschnitten, daß das letzte Auge gegenüber des Schnittes liegt, mit einem zweiten und dritten Schnitt wird die Rinde entfernt.*

*Die Rinde der Unterlage (Astende des zu veredelnden Baumes) wird mit einem Scharfen Messer glatt angeschnitten, dann seitlich eingeschnitten (nur bis unter die Rinde), so daß eine Rindenseite aufgebogen werden kann. Hierhinein werden die Reiser geschoben. Das untere Auge ist noch sichtbar.*

*Reiser und Rinde werden mit Bast umwickelt, das Reis soll durch die Bindung gegen die Rindenkante gedrückt werden. Zum Schluss werden die Schnittflächen und die Reisspitzen grosszügig mit Baumwachs verschlossen. Zum Auftragen eigenen sich Pinsel oder Holzreste.*

### OBSTBAUMSCHNITT

Weiterführende Informationen finden sich in: Obstbaumschnitt in Bildern: Kernobst – Steinobst – Beerensträucher – Veredelung, von Hans Walter Riess, oder im Internet auf der Seite Gartenbauvereine.org.
Unter: www.schlaraffenburger.de/cms/streuobstwiese/obstbaumschnitt.html steht eine sehr ausführliche Broschüre zum Thema Obstbaumschnitt zum Download bereit.

i

# Pflanzanleitung für Obstbäume

***Benötigte Materialien:***

- festes Schuhwerk
- Spaten und Schaufel
- Hasendraht als Wühlmausschutz
- je nach Bodenqualität evtl. 50 l Kompost zur Bodenverbesserung
- Baumpfahl, Länge: 220 – 250 cm, Durchmesser: 6 – 8 cm
- Leiter und Vorschlaghammer oder Pfahlramme
- ca. 1,50 m Kokosstrick
- Baumschere
- bei Trockenheit ca. 25 l Wasser

Mit der richtigen und sorgfältigen Pflanzung legt man den Grundstein für ein langes, gesundes und ertragreiches Baumleben. Dafür muss man als Erstes einen geeigneten Standort finden. Der Boden sollte tiefgründig, humos und nicht zu trocken sein, damit sich die Wurzeln leicht ausbreiten können und genügend Nährstoffe zur Verfügung stehen. Obstbäume bevorzugen offene, gut belüftete und belichtete Lagen. Je nach Baumart variieren die Standortvorlieben etwas.

Damit der junge Baum schon im Frühjahr besser austreiben kann, ist die beste Pflanzzeit im Herbst. Man kann aber auch bis in den beginnenden Frühling hinein pflanzen.

Stimmen nun Zeitpunkt und Standort, beginnt man mit dem Ausheben der Pflanzgrube. Diese sollte anderthalbfach größer sein als der Ballendurchmesser, ca. 80 x 80 cm und 50 cm tief. Ist der Boden zu mager, wertet man ihn mit Kompost oder Muttererde auf.

Vor dem Einsetzen wird ein Pflanzpfahl in den Boden der Grube gerammt. Damit dieser den jungen Baum optimal stützen kann, positioniert man ihn auf der Seite, aus der der Wind (überwiegend Südwest) weht. Als Wurzelschutz vor Wühlmäusen eignet sich unverzinkter Hasendraht, den man wie einen Korb in der Grube auslegt.

Im nächsten Schritt bedeckt man den Grund der Grube mit der Erdmischung und platziert den Baum. Es ist zu beachten, daß sich die Veredelungsstelle am Stamm mindestens zehn Zentimeter über der Erdoberfläche befindet. Anschließend füllt man den Erdaushub wieder zurück in die Grube, wobei sich durch Rütteln am Baum die Hohlräume füllen und die Wurzeln nach unten richten.

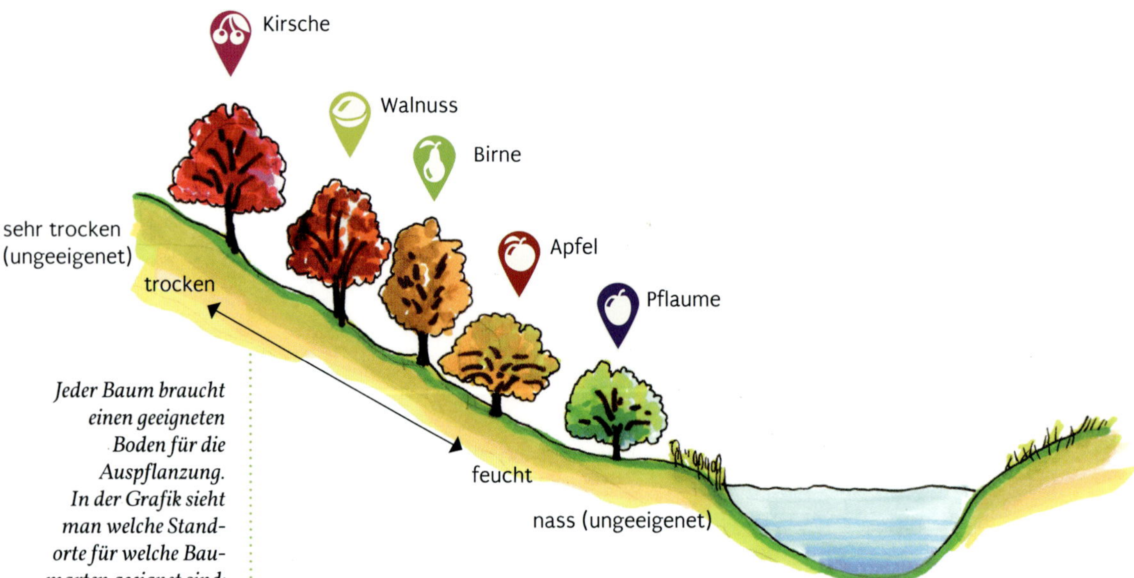


*Jeder Baum braucht einen geeigneten Boden für die Auspflanzung. In der Grafik sieht man welche Standorte für welche Baumarten geeignet sind: Kirschen bevorzugen trockene Böden, Pflaumen mögen es feucht.*

Steht der Baum nun in der richtigen Position, wird die Erde vorsichtig mit den Schuhen angedrückt. Je nach Trockenheit muss mit ein bis zwei Wassereimern angegossen werden.
Mit einem Kokosfaserstrick in einer Achterschlinge bindet man nun das Obstgehölz relativ kompakt an den Pfahl.
Als Verbissschutz gegen Wild wird Hasendraht oder eine Bambusmatte um den Stamm gewickelt und befestigt.
Der Bereich des Bodens um den Baum herum, die sogenannte Baumscheibe, sollte in den nächsten fünf Jahren in der Größe des Durchmessers der Baumkrone von Bewuchs freigehalten werden.
Die letzte große Aufgabe einer Baumpflanzung ist der Pflanzschnitt. Diesen führt man entweder sofort durch, oder man wartet damit bis in den Frühling. Mehr dazu ab Seite 59.

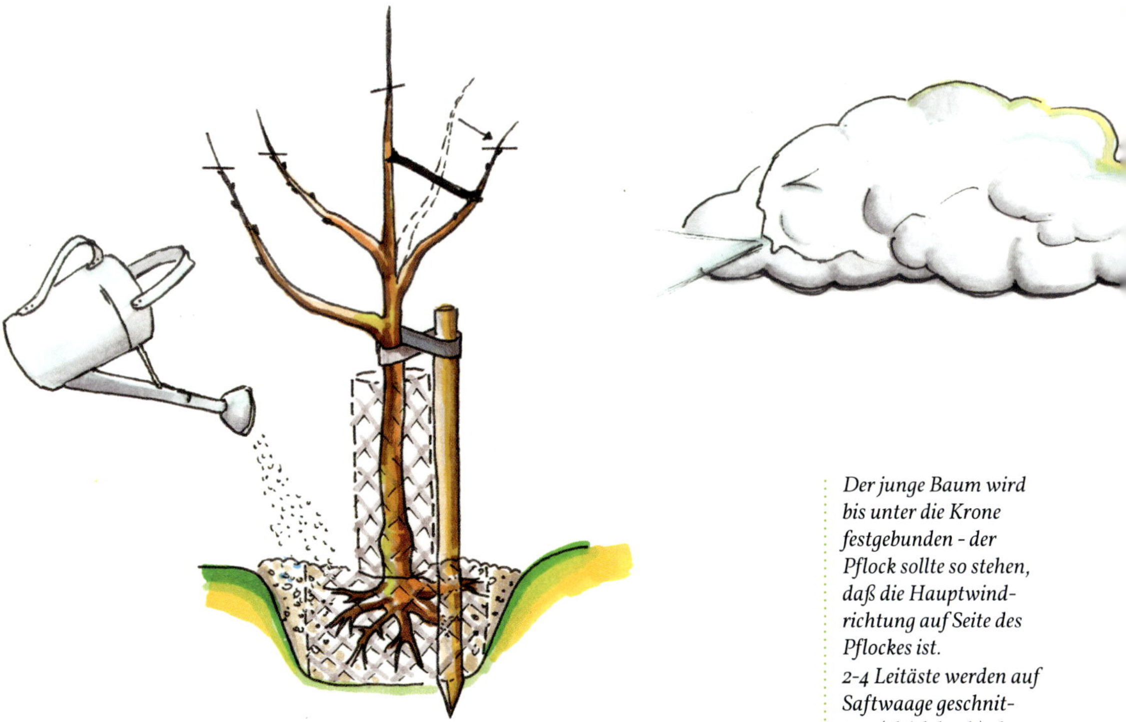

*Der junge Baum wird bis unter die Krone festgebunden - der Pflock sollte so stehen, daß die Hauptwindrichtung auf Seite des Pflockes ist.*
*2-4 Leitäste werden auf Saftwaage geschnitten (gleich hoch), der Mitteltrieb etwa 15 cm länger. Zu steile Äste werden abgespreizt (45 °).*

# Pflege von Obstbäumen

## Allgemeines

Ohne oder bei falschen Schnittmaßnahmen kann ein ehemals gesunder Baum aufgrund verschiedener Faktoren schnell vergreisen.
Mit dem richtigen Schnitt fördert man die Gesundheit und Vitalität des Obstgehölzes und erhöht damit seine Lebensdauer. Dies wird u. a. durch die Bildung von jungen Trieben erreicht. Mit dem Abschneiden oder Belassen bestimmter Zweige beeinflusst man aktiv die Statik des Baumes. In der Ertrags- und Altersphase ist das Gleichgewicht zwischen Holz- und Fruchtbildung sehr wichtig. Doch nicht nur der Baum an sich profitiert von einer guten Pflege. Durch entsprechendes Erziehen des Fruchtholzes steigert man seinen Ertrag, und die Auslichtung der Krone erhöht die Qualität der Früchte, da diese besser belichtet und belüftet werden. Zusätzlich erleichtert die bessere Erreichbarkeit das Ernten.

*Von oben nach unten: Insektenhotel im Kyffhäuser, Benjeshecke [24], Brutkästen [25]*

## Artenvielfalt und Schädlingsbekämpfung

Obstbäume sind Lebensraum und Nahrungsgrundlage für viele Pflanzen- und Tierarten. Durch einfache Maßnahmen kann man die Artenvielfalt erhöhen und den Baum gleichzeitig vor Schädlingsbefall schützen. Mit dem Aufstellen eines Insektenhotels fördert man die Befruchtung der Blüten durch Bienen. Nistkästen locken Vögel und Fledermäuse an, welche wiederum zur Abwehr von schädlichen Insekten nutzen. Schafft man Versteckmöglichkeiten durch Totholzhaufen, Stein- und Schutthaufen, Benjeshecken (siehe Bild links) und Wildkräuterstreifen, bietet man Igel, Mauswiesel und Marder ideale Lebensräume.
Sie danken es, indem sie Insekten fressen und Wühlmäuse fernhalten.

Man kann auch selbst gezielt gegen Schädlinge handeln, ganz ohne Chemie. Zum Beispiel helfen um den Stamm gewickelte Leimringe gegen Blattläuse; mit Pheromonfallen, Farbtafeln und Alkoholfallen hält man ungewollte Insekten fern.

## Grundlagen der Schnitttechniken

Das richtige Beschneiden von Obstbäumen ist eine Wissenschaft für sich und würde den Rahmen dieses kleinen Büchleins sprengen. Trotzdem werden hier ein paar Grundregeln und Schnitttechniken vorgestellt. Dies soll als Vorgeschmack dienen und Appetit auf die Baumpflege machen. Weiterführende Literatur und Links aus dem Internet sind in der Infobox am Ende des Kapitels aufgeführt.

## Der naturgemäße Obstbaumschnitt

Zur Obstbaumpflege ist der naturgemäße Obstbaumschnitt zu empfehlen. Das heißt, daß die natürliche Entwicklung des Baumes durch geringe Eingriffe bei der Kronenbehandlung gefördert wird. Mit Schnittmaßnahmen versucht man lediglich das Gleichgewicht zwischen Fruchttrieb und Neutrieb zu halten.
Fruchttriebe wachsen überwiegend waagerecht am Baum. Sie sind der fruchttragende Teil des Baumes. Neutriebe sprießen hauptsächlich senkrecht. Sie dienen als neue Leitäste, an denen sich wieder neues Fruchtholz entwickeln kann (siehe Abb.). Das heißt, daß die Aststellung die Funktion bestimmt.

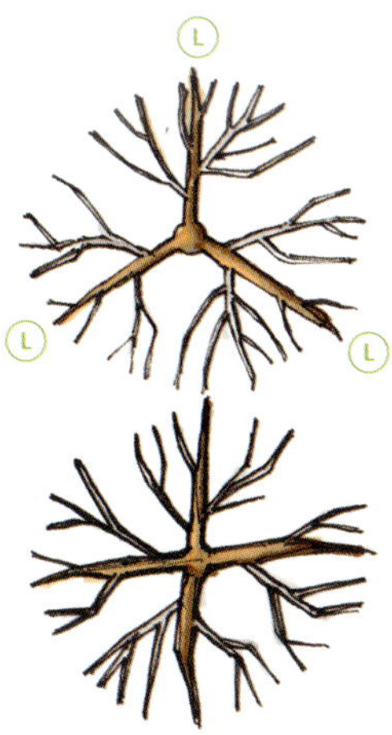


*Ansicht von oben:*
*Obstbäume sollten möglichst so beschnitten werden, daß Licht in die Krone des Fruchtholzes dringen kann. 3 bis 4 grosse Leitäste sollten stehen bleiben.*

*Leitäste (L) sind starke Äste, die neben der Stammverlängerung (SV) das Kronengerüst bilden.*
*Seiten- oder Fruchtäste (F), tragen die Frucht, diese sollen möglichst flach abwärts wachsen.*

Deshalb ist es wichtig, beim Obstbaumschnitt darauf zu achten, daß immer ein Gleichgewicht zwischen den Frucht- und Leitästen hergestellt ist und hängende Äste weggeschnitten werden.

Bei den meisten Obstbäumen tragen einjährige Triebe ausschließlich Blätter und entwickeln erst im zweiten und dritten Jahr Blütenknospen. Die Fruchtbarkeit nimmt mit zunehmendem Alter des Zweiges ab und muss daher immer wieder durch Nachschneiden verjüngt werden. Pfirsiche und Sauerkirschen fruchten an einjährigem Holz.

## Obstbäume schneiden

Wichtig sind eine saubere Schnittführung und möglichst kleine Wunden, da an diesen Stellen Krankheitserreger eintreten können, falls der Baum nicht schnell genug die Wunde schließt. Sauberes, scharfes Werkzeug verringert die Gefahr schlecht heilender Wunden.

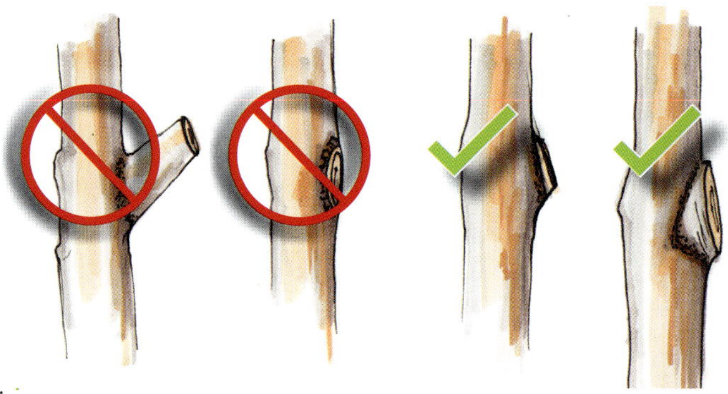

*Keine Aststummel stehen lassen* — *Keine stammbündigen Schnitte!* — *Beim Schnitt wenn möglich den Astring erhalten!* — *Richtige Schnittführung an keilförmigem Astringverlauf*

*Obstschnitttechnik: Beim Wegschneiden eines Astes bleibt der „Astring“ stehen. Von ihm geht die Überwallung der Wunde aus. Anfänger tendieren oft dazu Aststummel stehen zu lassen. Wunden an Stummeln heilen nur stark verzögert, manchmal gar nicht.*

Des Weiteren ist der Zeitpunkt des Schnittes zu beachten. Grundsätzlich gilt die Regel, daß ein Baum, der im Sommer geschnitten wird, nicht so stark austreibt wie bei einem Winterschnitt. Dies macht man sich zunutze, um das Gleichgewicht von Frucht- und Leittrieben wiederherzustellen. Bei Jungbäumen sollte man auf einen Sommerschnitt verzichten.

# Der Pflanzschnitt

Mit dem Pflanzschnitt stellt man das Gleichgewicht des jungen Baumes zwischen Wurzel und Krone wieder her, da er durch das Verpflanzen an Wurzelvolumen verloren hat. Gleichzeitig bestimmt man die zukünftige Kronenstruktur.

Beim Obstbaum hat sich hierbei die Pyramidenkrone bewährt. Man entscheidet sich für drei bis vier Leitäste, die in einem 45°- bis 50°-Winkel zur Stammverlängerung stehen. Diese wiederum tragen die Seitenäste und das Fruchtholz. Die Leitäste werden während des gesamten Lebens des Baumes erhalten.

Aus Gründen der Bruchsicherheit sollten Schlitzäste entfernt werden (alle zu entfernenden Äste sind in den Zeichnungen rot abgebildet). Dabei handelt es sich um steilstehende Seitentriebe, die nicht besonders gut mit dem Stamm verbunden sind und unter Last abbrechen können. Durch vorsichtige Zugtests findet man heraus, welche Äste davon betroffen sind.

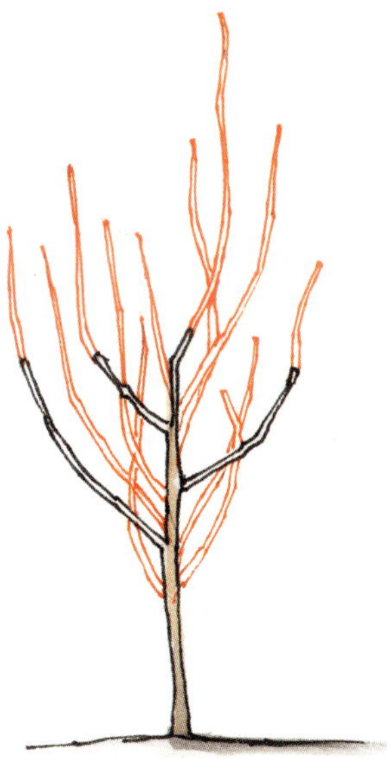

*Beim Pflanzschnitt am jungen Baum werden drei bis vier gut stehende Leitäste ausgewählt, die später die Krone bilden sollen; die übrigen Äste werden auf Astring gekürzt.*

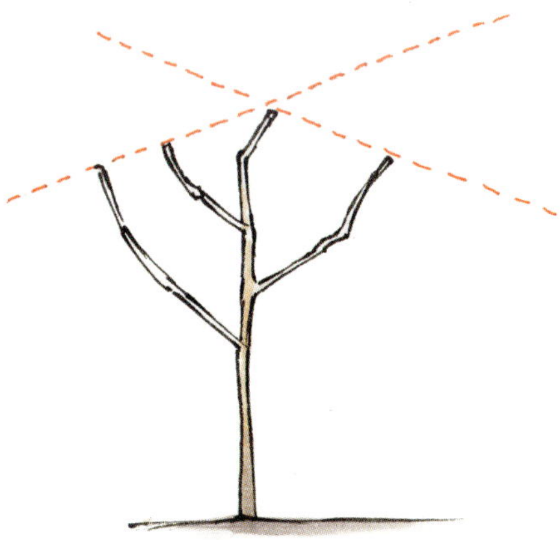

*Für den Pyramidenschnitt werden die Leitäste in einem 45° Winkel nach aussen abgebunden sollten sie zu steil stehen.*

## Der Erziehungsschnitt

Der Erziehungsschnitt wird jährlich etwa bis zum 10. Standjahr durchgeführt. Er dient dazu, die Tragfähigkeit der Krone durch das Stärken der Leitäste zu erhöhen. Ohne Erziehungsschnitt trägt der junge Obstbaum zwar schnell Früchte, doch das Kronengerüst ist nicht tragfähig genug, es werden weniger Holztriebe gebildet, die Lebenserwartung sinkt, der Baum vergreist.

## Der Verjüngungsschnitt

Bäume, die längere Zeit nicht mehr geschnitten worden sind (das ist heute das Schicksal vieler Obstbäume), neigen zur vorzeitigen Alterung („Vergreisung"). Mit einem Verjüngungsschnitt erreicht man die Wiederherstellung einer gut belichteten und belüfteten Krone. Man orientiert sich an dem ursprünglichen Kronengerüst mit der Stammverlängerung und den Leitästen.

Hierfür werden gezielt einzelne, auch größere Äste im oberen Kronenbereich entfernt, welche die ursprünglich gewählten Leitäste „überbauen" und verschatten. Selbst einzelne Leitäste oder die Stammverlängerung können ggf. im Interesse einer ausgewogenen Kronenentwicklung zurückgesetzt werden. Altes, herabhängendes Fruchtholz wird beim Verjüngungsschnitt entfernt. Größere Einschnitte sollten auf zwei oder mehrere Jahre (Faustregel: max. 30% pro Jahr) verteilt werden.
Das Lebensalter von Obstbäumen kann durch einen regelmäßigen Verjüngungsschnitt deutlich verlängert werden.

OBSTBAUMSCHNITT LESETIPP:

Weiterführende Informationen finden sich in:
„Obstbaumschnitt in Bildern: Kernobst – Steinobst – Beerensträucher – Veredelung", Hans Walter Riess
„Obstbaumschnitt", Martin Stangl,
„Obstbaumschnitt - Kernobst, Steinobst - Beerenobst", Heiner Schmid, Verlag Ulmer

i

*Alte Bäume sind nach vielen Jahren fehlender Pflege oft überwuchert und müssen kräftig ausgelichtet werden. Der Rückschnitt der zu dicht stehenden Äste bringt Licht in die Krone und schützt vor Krankheiten, Pilzbefall und vitalisiert die Fruchtbildung. Sind alle kurzen Triebe entfernt worden, sollte auch ein Teil der Leitäste eingekürzt werden. Vor allem stark nach unten hängende Äste werden entfernt. Der Verjüngungsschnitt regt den Baum an, neues Fruchtholz zu bilden und sorgt dafür, daß die Frucht in erreichbarer Höhe nachwächst.*

# Kosten bei der Obstbaumpflanzung und -pflege

Das Pflanzen von Obstbäumen erfordert die Auswahl geeigneter Standorte, eine botanische Starthilfe (Pflanzpfähle) sowie jährliche Betreuung. Pro Baum muss zusätzlich zum Pflegeaufwand mit Investitionskosten von knapp 50 € gerechnet werden, bis er nach etwa 10 Jahren stabil trägt. Es kann auch eine Förderung für Eigentümer, Mieter / Pächter und Vereine in Höhe von etwa 25 € geben. Diese Entscheidung wird auf kommunaler Ebene beschlossen. Am besten Ihr erkundigt Euch dazu bei der jeweils zuständigen Gemeinde. Im Einzelnen umfasst der Aufwand:

### *Investitionskosten*

- 1 Baum kostet etwa 25 €
- 3 Pfähle kosten 3 € / Pfahl
- 1 Wildschutzdraht für 10 €
- Arbeitsaufwand fürs Aufstellen (ca. 3 Stunden)
- und Erziehungsschnitt (20 Minuten)

- Pflege (1 Stunde pro Baum und Jahr)
- ø 1 m Baumscheibe freihalten
- 2-3-mal im Jahr gießen
- Baumschnitt jährlich in den ersten 10 Jahren, später alle 3-5 Jahre

Empfehlungen zum Weiterschmökern:
„Grundkurs Pflanzenbestimmung", Rita Lüder, Quelle und Meyer 2011
„Grundkurs Gehölzbestimmung", Rita Lüder, Quelle und Meyer 2011
„Stupsi erklärt den Baum", Mattheck, Karlsruher Institut für Technologie 1999

# Fair Mundräubern



Mit dem Mundräuber-Manifest möchten wir Euch noch einmal in knapper Form Regeln zum richtigen Umgang mit Bäumen, Eigentum und der umgebenden Natur ans Herz legen, ohne die sich kein ehrenwerter Mundräuber auf die Pirsch macht.

## Wahre Mundräuber...

... gehen behutsam mit den Bäumen, der umgebenden Natur und den dort lebenden Tieren um,

... lassen beim leisesten Zweifel über die Freigabe eines Baumes die Finger von der Frucht,

... teilen die Früchte ihrer Entdeckungen

... und haben Freude daran, dem fruchtigen Ort etwas zurückzuschenken – sei es einfach durch ein gutes Gespräch rund um kostbares Obst, einen Besuch im nahegelegenen Hofladen oder Café oder sogar durch ein Engagement bei der Pflege von Obstbäumen.

# FAQ...

***Baumeigentümer, Mundräuber und andere Obstfreunde finden hier eine (unvollständige) Zusammenfassung von Fragen, die seit Start der Plattform mundraub.org an die Initiatoren herangetragen wurden.***

## ...Für Baumeigentümer: Mein Baum – ein Mundraub-Baum?

***Wird mein Baum überenrntet?***

Mundräubern ist Geben und Nehmen - man erntet die Bäume nicht kahl, sondern engagiert sich für die Nutzung und den Erhalt der Kulturlandschaft und ihrer Vielfalt. Wer auch im nächsten Jahr noch ernten will, entwickelt ein Interesse an der Pflege und dem Erhalt der Bäume, um die sich sonst keiner kümmern kann oder will.

***Sind die Beschreibungen im Internet gut genug, damit nicht der falsche Baum beerntet wird?***

Mundraub ist kein Diebstahl - Wünsche der Eigentümer werden respektiert. Durch Markierungen lassen sich Irrtümer vermeiden.

***Ich teile gerne, aber bleiben dann noch Früchte für mich?***

Eigentümer müssen nicht auf ihr Obst verzichten - ein Baum trägt Früchte für viele. Und es kann auch einfach festgelegt werden, daß die Mundräuber erst ein paar Körbe für die Eigentümer ernten, bevor sie selbst an die leckeren Früchtchen dürfen.

***Laufen jetzt jedes Wochenende Fremde durch meinen Garten?***

„Ganz oder gar nicht" muss nicht sein - auch eine temporäre oder teilweise Freigabe von Obst ist möglich. Dies kann der Eigentümer vorab im Eintrag festlegen, er kann sich vor hungrigen Mäulern aber z. B. auch schützen, indem der Eintrag auf mundraub.org zeitweilig unsichtbar geschaltet wird.

***Bin ich haftbar, wenn jemand von meinem Baum fällt und sich dabei das Genick bricht?***

Pflege und Ernte fallen unter Gefälligkeiten - jeder Mundräuber handelt eigenverantwortlich (siehe Kapitel 3).

***Unkundige wissen nicht, wann das Obst wirklich reif ist und wie man die Pflanzen pflegt - zerstören sie dadurch meine Obstbäume?***

Mundräuber wollen die Natur erhalten und ihr keinen Schaden zufügen. Am besten kommst Du ins Gespräch über behutsamen Umgang mit den Bäumen und der umliegenden Natur. Dann lernen alle voneinander und den Bäumen geht es gut.

## ...Für Mundräuber

***Wie viel darf ich ernten?***

Wenn der Eigentümer zustimmt - soviel, wie Du brauchst, tragen und verarbeiten oder aufessen kannst. Aber achte darauf, daß auch für andere Mundräuber und Wildtiere, wie Vögel und Insekten, noch etwas übrig ist.

***Kann ich meine „Beute" kommerziell nutzen?***

Wenn Du Früchte kommerziell und in großem Stil nutzen möchtest, dann musst Du fairerweise auch im selben Maße für Pflege und Nachpflanzung der Bäume aufkommen. Außerdem bist Du vermutlich dann auch darauf angewiesen, daß Du jedes Jahr von „Deinen" Bäumen genügend Früchte ernten kannst. Daß die Bäume auf mundraub.org dafür nicht geeignet sind, sollte sich von selbst verstehen.

***Wie bekomme ich den Eigentümer heraus?***

Fragen, mit den Anwohnern ins Gespräch kommen und recherchieren. Dabei kreativ und mutig sein. Und nicht aufgeben, auch wenn es einmal etwas kniffliger wird. Viele Tipps, wie man die Eigentümer ausfindig machen kann, findest Du in Kapitel 3.

### Warum enthält die Karte keine Pilze?

Pilzstandorte sind oft selbst innerhalb von Familien streng gehütete Geheimnisse. Diese Tradition möchten wir gern beibehalten. Außerdem sind Pilze nicht unbedingt „standorttreu", und viele essbare Pilze sind hochgiftigen Exemplaren täuschend ähnlich. Deswegen empfehlen wir pilzhungrigen Mundräubern, einfach mit pilzkundigen Freunden und Bekannten auf die Pirsch zu gehen - ganz ohne Internetkarte und dort eingetragene („getaggte") Fundorte, dafür aber mit viel Wissen zu den lokalen Gegebenheiten und jahrelanger Erfahrung im Erkennen essbarer Sorten.

### Wie kann ich dem Ort etwas zurückgeben, an dem ich Obst gemundräubert habe?

Da sind Deiner Phantasie keine Grenzen gesetzt: Im Idealfall beteiligst Du Dich an einer Obstbaumpflanz- oder -pflegeaktion in der Region oder organisierst sogar selbst eine. Mit einem Besuch im nahegelegenen Hofladen oder Café oder einer Übernachtung vor Ort unterstützt Du die Region. Aber auch schon ein gutes Gespräch mit Anwohnern rund um Obst, Rezepte und die ein oder andere lokale Gegebenheit sind oft eine schöne und gern gesehene Geste.

### Wie kann mir die Webplattform mundraub.org beim Mundräubern behilflich sein?

Du kannst dort bundesweit vorhandene Obstbaumstandorte abrufen oder eigene Fundstellen eintragen. Außerdem bietet das Blog[26] Dir viele hilfreiche Informationen rund um Mundraub-Obst und verwandte Themengebiete. Wenn Du mit anderen Mundräubern in Kontakt treten möchtest, dann hast Du im Forum die Gelegenheit dazu. So kannst Du sogar gemeinsame Aktionen planen, Rezepte oder Erntetipps tauschen oder eine gemeinsame Baumpflanzaktion organisieren. Mehr Informationen zur Benutzung von mundraub.org findest Du in Kapitel 5.

Wenn eine Frage, die Euch unter den Nägeln brennt, in dieser Zusammenstellung nicht enthalten ist, dann kann sie jederzeit auf mundraub.org gestellt werden. Bei den vielen tausend Nutzern, die die Seite jeden Monat aufrufen, ist eine Antwort bestimmt schnell gefunden. Oder Ihr fragt einfach direkt die vielen tausend MundräuberInnen, die in der Facebookgruppe[27] aktiv sind.

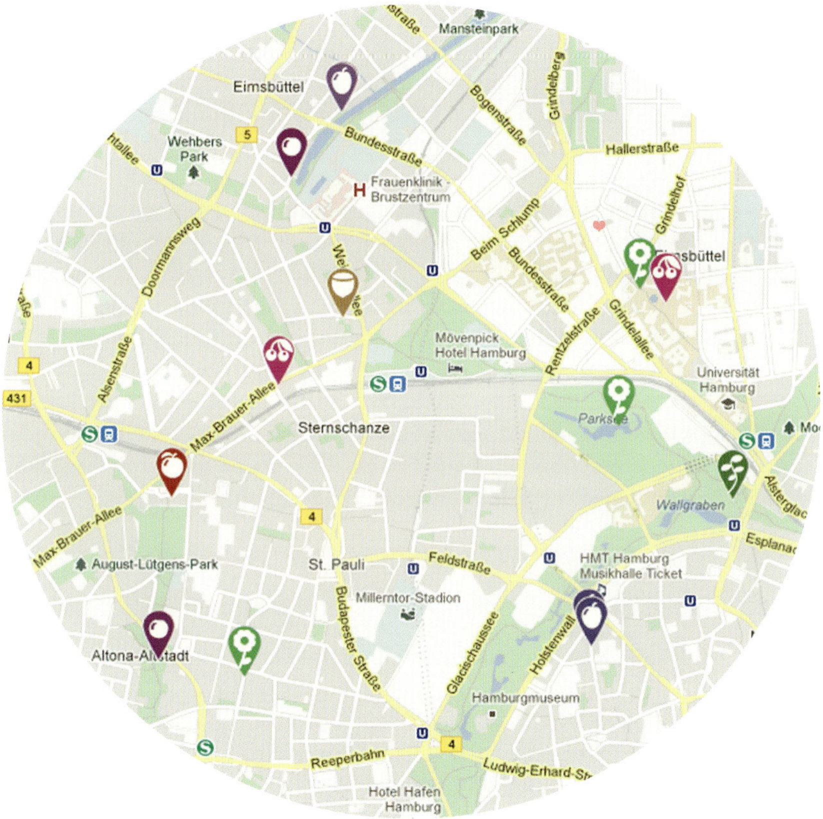
Mansteinpark
Eimsbüttel
Wehbers Park
Bundesstraße
Frauenklinik - Brustzentrum
Bogenstraße
Grindelberg
Hallerstraße
Grindelhof
Beim Schlump
Bundesstraße
Doormannsweg
Mövenpick Hotel Hamburg
Rentzelstraße
Grindelallee
Universität Hamburg
Alsenstraße
Max-Brauer-Allee
Sternschanze
Wallgraben
Max-Brauer-Allee
August-Lütgens-Park
St. Pauli
Feldstraße
HMT Hamburg Musikhalle Ticket
Millerntor-Stadion
Budapester Straße
Glacischaussee
Holstenwall
Hamburgmuseum
Reeperbahn
Hotel Hafen Hamburg
5
4
431

# Warum Mundräubern (lassen)?

***Noch nicht überzeugt? Dann haben wir hier nochmal 8 Gründe fürs Räubern und Räubernlassen zusammengestellt:***

- Mundräubern macht einfach Spaß, vor allem in Gesellschaft
- Obst, das bisher unter dem Baum verfault, wird genutzt:
  Viele Menschen haben keinen Garten und können nicht Obst vom eigenen Baum ernten
- den Geschmack vieler Sorten bekommt man einfach nicht im Supermarkt
- Obst aus dem Ausland ist nicht nötig, hier gibt es genug heimische Arten. Statt Geld für Früchte aus dem Supermarkt auszugeben, können neue Bäume gepflanzt werden
- Obstbäume sind Lebensraum – eine gute Möglichkeit für Kinder und Stadtmenschen die Natur zu entdecken und dabei mit den lokalen Dorfbewohnern ins Gespräch zu kommen
- Teilen stärkt das soziale Miteinander, über Bevölkerungsgruppen hinweg
- lokales Wissen und Geschichten über besondere Bäume, Sorten und Verarbeitungstechniken gehen nicht verloren
- freigegebenes Obst ist Teil der Allmende – nachhaltige und faire Nutzung als Ziel, statt persönlicher Bereicherung

2
5
3
4

0,2 l
mundraub.org

Mundraub



## Das wichtigste Werkzeug des modernen Mundräubers ist unsere Internetseite www.mundraub.org Diese Plattform ermöglicht den Austausch von Wissen, Daten und Informationen rund um das fruchtige Vergnügen - von Mundräubern für Mundräuber.

Das Herzstück der Mundraub Website ist die interaktive Karte. Hier findet man Obstbäume, Wildfrüchte oder Kräuter sowie Mostereien zur Weiterverarbeitung des Mundgeraubten.
Gleichzeitig ist es auch möglich, eigene Fundorte einzutragen, um diese mit anderen Menschen zu teilen. Über das Forum kann man direkt mit gleichgesinnten Mundräubern Kontakt aufnehmen und gemeinsame Aktionen planen.

# www.mundraub.org



***Wie funktioniert Mundraub.org?***

Auf der Startseite von mundraub.org findet man eine interaktive Landkarte auf der bunte Icons sichtbar sind. Die verschiedenen Farben stehen für unterschiedliche Obstsorten. Jedes Icon auf der Karte repräsentiert einen Fundort, also z.B. „Pflaumenbaum am Radweg". Die Karte ist oben und unten von grünen Menüleisten eingefasst. Die obere Leiste bietet verschiedene Inhalte wie „Über uns", „Blog" oder „Pflanzen" an. Über das Menü „Eintragen" links unterhalb der Menüleiste wird man Schritt für Schritt durch die Prozedur des Eintragens der eigenen Fundorte navigiert (mehr unter Fundorte eintragen, S. 74). Außerdem gibt es hier Buttons zum Einloggen und Registrieren.Im unteren Rand bietet sich die Möglichkeit bereits eingetragene Fundorte aufzuspüren.
Mit einem Klick auf das Wort „Schließen" verschwindet die untere Leiste und gibt den Blick auf die Karte frei.

*Jeder hat auf Mundraub.org die Möglichkeit Einträge von Obst oder Kräutern einzusehen ohne sich gleich registrieren zu lassen. Um herauszufinden wo es zum*

Ernten freigegebene Obstbäume gibt, sei es nun in der Heimat oder am Zielort des Wochenendausfluges, gibt man einfach die entsprechende Adresse oder Postleit-
o 1. zahl links unten unter „Wo suchst Du?" ein. Nun kann man durch Aktivieren der verschiedenen Kategorien rechts unten sehen, welches Obst oder welche Kräuter laut Karte dort vorkommen. Entweder aktiviert man durch Klicken einzelne Obstbaum-, Nuss-, Beeren oder Kräutersorten oder lässt sich „alle Füchte", „alle Nüsse" etc. durch Klicken auf jene Schaltfläche anzeigen. Hält man die Maus über eine bestimmte Kategorie (hier Waldmeister) öffnet sich ein kleines Fenster mit der
o 2. Option „Eintragen". Damit gelangt man direkt zum Formular „Eintragen". Aber nicht nur Natur lässt sich auf der Karte erstöbern. Wählt man den Button
o 3. „Kultur" in der Mitte, findet man zum Beispiel Cafés und Mostereien.

Um zusätzliche Informationen über einen Mundraubfund zu erfahren, klickt man
o 4. auf das gewünschte Obst-Icon auf der Karte. Es erscheinen im unteren Bildschirm-rand entsprechende Details des Eintrags. Hier kann man selber Kommentare
o 5. hinterlassen, oder mit dem Mundräuber, des Fundes in Kontakt treten.

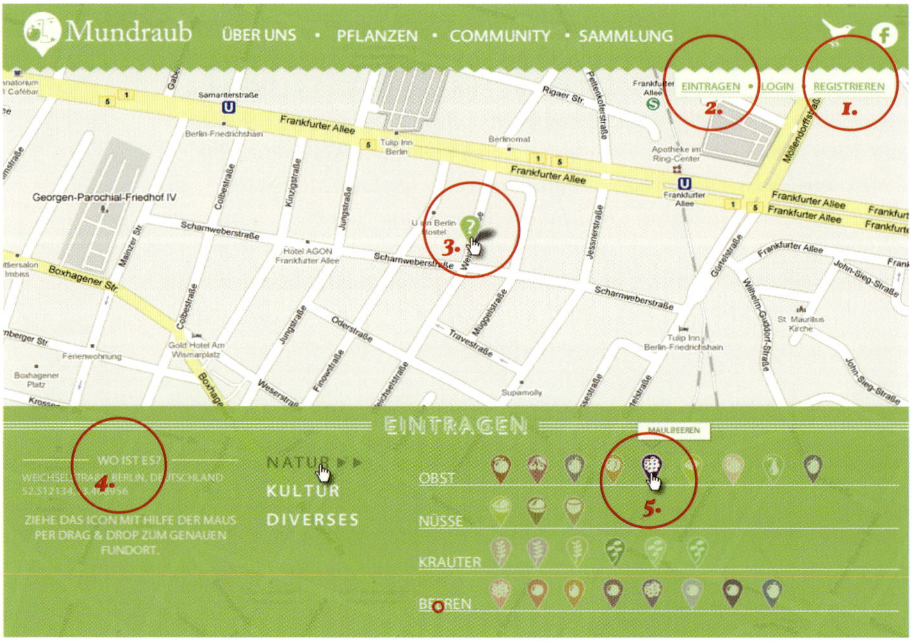


### *Fundorte eintragen*

**1.** *Um einen Eintrag vorzunehmen muss man sich auf Mundraub.org registrieren. Dies ist wichtig um Missbrauch entgegenzuwirken. Jeder registrierte Nutzer kann nun auf seiner eigenen Mundraubseite seine Einträge verwalten, Fotos hochladen sowie Kommentare schreiben und erhalten.*

**2.** *Nach der Registrierung bzw. Anmeldung kann es mit dem Eintragen losgehen. Dazu klickt man auf auf das Menü „Eintragen" und es öffnet sich ein Fenster im unteren Bereich des Bildschirmes. Dazu erscheint im Kartenteil ein Icon mit einem*

**3.** *Fragezeichen. Durch Anklicken und Festhalten mit der Maus (Drag & Drop) kann man dieses Icon an die exakte Position ziehen, die entsprechende Adresse erscheint*

**4.** *automatisch unten links bei „Wo ist es". Wenn man die genauen Ortsangaben kennt, kann man dort die Daten eingeben und wird automatisch zum Fundort navigiert.*

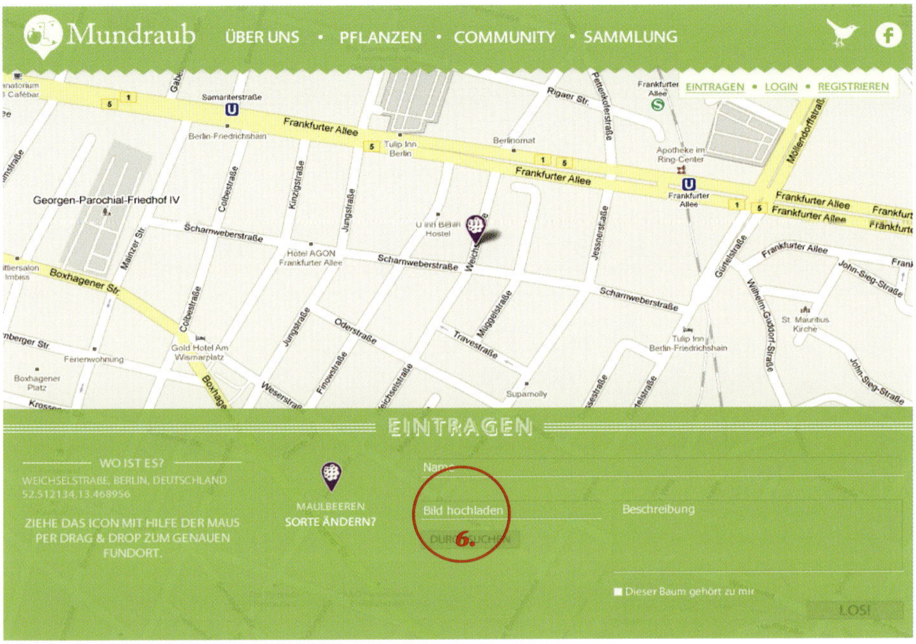


*Als nächstes wählt man das passende Icon zum Fund.*

**05.** *Bei einer Maulbeere klickt man einfach auf das Icon für Maulbeere.*

**06.** *Nach diesem Schritt erscheint ein neues Fenster zum näheren Beschreiben des Mundräuberfundes und bietet die Möglichkeit Fotos hochzuladen. Mit einem Klick auf das Feld „Los“ läd man seine Daten in die Karte. Nachträgliche Änderungen und Zusätze sind jederzeit möglich.*

# Kreativ Mundräubern



Einige der unzähligen Ideen, wie Ihr gemäß dem Motto „Schützen durch Nützen" in Vergessenheit geratene Obstbäume Euren Freunden, der Familie und anderen Menschen wieder ins Bewusstsein rücken und damit langfristig erhalten könnt, haben wir für Euch in Kapitel 6 zusammengestellt.

## Auf geht's, zum kreativ Mundräubern für...

### ... Anfänger und Fortgeschrittene (Mundraub Tour)

Lies zunächst das Kapitel „Ernten und Verarbeiten" (Kapitel 2). Finde dann mindestens zwei Mitstreiterinnen oder Mitstreiter. Sucht Euch auf mundraub.org eine Handvoll Obstbäume, die zur Ernte freigegeben sind. Wenn Ihr in Sachen Freigabe unsicher seid, gibt es Hilfe bei „Recht und Gewissen" (Kapitel 3). Die Anreise plant Ihr am besten umweltfreundlich mit Fahrrad und öffentlichen Verkehrsmitteln. Viel Spaß beim räuberischen Obstgenuss!

*Ernten, mosten...*

### ... Durstige (Mundraub-Saft)

Stell Dir vor, Du schnappst Dir an einem schönen Augustwochenende ein paar Freunde, und Ihr zieht auf eigene Faust los, um gemeinsam Dutzende Liter frischesten Apfelsaft mit eigenen Händen herzustellen. Organisiert, ausgerüstet mit ein paar Säcken oder Kisten, einem Transportmittel und einer Leiter, eine gemeinsame Apfelernte! Das macht ziemlich viel Spaß. Erntet eine Tonne Äpfel, also etwa 20 Säcke. Dafür braucht Ihr zu dritt einen halben Tag.

Esst Euch erst einmal satt. Dann könnt Ihr aus den selbstgeernteten Äpfeln circa 600 Liter Saft mosten. Bestellt Euch dafür eine mobile Saftpresse oder fahrt zu einer Mosterei. Übrigens, einen Liter Saft mosten zu lassen kostet ca. 0,30 bis 0,50 €. Ihr unterstützt damit die Mostereien in Eurer Mundraub-Region. In diesem Sinne: Prost! Löscht Euren Durst, nehmt den Saft mit nach Hause, verschenkt ihn an Freunde, Familie oder Nachbarn. Und selbst wenn es erst einmal keine ganzen Wagenladungen

sind: ein paar Säcke kleiner macht mundräubern natürlich auch Spaß. Schön wäre es, wenn Ihr dann im Herbst als „Dankeschön" noch an einer Obstbaumpflanzaktion oder einer Pflegemaßnahme teilnehmt, damit auch Eure Kinder und Enkel noch etwas zu ernten haben.
Auf der Mundraub-Karte unter „Akteure" oder in der Mostereiliste des NABU[28] findet Ihr Mostereien in Eurer Nähe. Unsere Lieblingsmosterei ist übrigens die Mosterei Ketzür in der Nähe von Brandenburg[29].
Und wer erst einmal bei einer organisierten Saftaktion mitmachen möchte, der ist vielleicht bei den vom LandKombinat e. V. in Gatschow (Vorpommern) seit 2009 jährlich veranstalteten „Gatschower Safttagen" richtig[30]. Dort wird zusammen mit Freiwilligen und eigener Technik nicht-kommerzieller Apfelsaft aus lokalem, frei verfügbarem Obst hergestellt. Die Helfer können einen Teil des Saftes mit nach Hause nehmen.

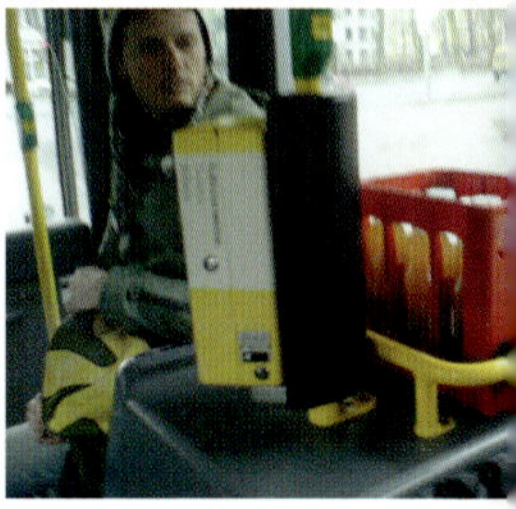

*... Saft mit nach Hause nehmen und geniessen!*

## ... Weltverbesserer I (Mundraub-Pflanzaktion)

Wer erntet, muss auch irgendwann für Nachschub sorgen! Auf geht's zum Obstbäume-Pflanzen. Jungbäume bekommt Ihr in Baumschulen, oder Ihr könnt sie selbst ziehen. Viele Baumschulen bieten Hochstamm-Obstbäume an. Schön wäre es, wenn Ihr nicht die Standardsorten pflanzt, sondern schmackhafte, alte und seltene Sorten.
Informationen zu alten Sorten findet Ihr z. B. in der Obstbaumdatenbank des BUND Lemgo[31] oder beim Pomologenverein e.V.[32].
Beachtet bei Euren Pflanzaktionen, daß der Baum in seinen Jugendjahren Pflege braucht. Selbstredend liefert unser Handbuch auch Tipps fürs "Pflanzen und Pflegen von Obstbäumen" (Kapitel 4).
Wer die Obstbäume zunächst erst einmal gemeinsam mit anderen pflanzen will, der wird unter www.wikiwoods.org fündig.

## ... Weltverbesserer II (Mundraub-Baumpflegeaktion)

Was wäre, wenn man Menschen aus der Region finden würde, mit denen man gemeinsam die Birnbäume auf einer nahegelegenen, ungenutzten Obstwiese beschneiden kann?

Wer sich noch nicht zutraut, das alles selbst zu organisieren, der findet bei mundraub.org oder wikiwoods.org immer wieder Baumschnittaktionen mit vielen anderen netten Menschen und unter fachlich kompetenter Leitung.

## … Touristen, Hotels und Regionalförderer (Mundraub-Region)

Stell Dir vor, eine strukturschwache Region kann durch ihren Reichtum an öffentlich zugänglichen Obstbäumen Menschen zu einem Besuch inspirieren, die sonst kaum auf dem Land unterwegs sind.
Eine solche Mundraub-Region entsteht gerade entlang des Radweges am Hasetal nördlich von Osnabrück. Hunderte von Leuten tun sich hier zusammen und pflanzen insgesamt 7.000 Bäume entlang eines Radweges. Über mundraub.org können Besucher die freigegebenen Obstbäume entdecken. Die regionale Obstallmende und damit zusammenhängende Projekte werden so zur touristischen Attraktion für Gruppen, Familien und individuelle Radwanderer. Mehr zum Obsttourismus 2.0 findet Ihr in einem Artikel in der „LandInForm"[33].

## … Lehrer & Schüler (Mundraub-Schulausflug)

Was wäre, wenn eine Schulklasse an ihrem Wandertag Obst in nahegelegenen Gemeingütern pflücken würde, um daraus selbst Saft zu mosten und so auf die Früchte und die Obstkultur der heimischen Region aufmerksam zu werden? Auch gemeinsame Pflege oder Pflanzaktionen (siehe „Mundraub für Weltverbesserer I") sind als Exkursion im Rahmen des Biologie- oder Heimatkunde-Unterrichts gut geeignet.

## … frisch Verliebte und fast Verheiratete (Hochzeitsbäume)

Stell Dir vor, Du trägst mit dazu bei, die alte Tradition, bei der Heirat einen oder mehrere Obstbäume zu pflanzen, wieder aufleben zu lassen (siehe auch historischer Hintergrund im Abschnitt „Obst im öffentlichen Raum: Allmende für Alle?"). Schenk doch einfach dem Hochzeitspaar einen Obstbaum bzw. pflanze einen für sie. Oder wenn Du selbst der/die

Glückliche bist, lass Dir doch gleich von Deinen Gästen eine ganze Streuobstwiese pflanzen.
Mit gutem Beispiel voran geht die Stadt Rothenburg ob der Tauber: Dort pflanzen seit 2009 jedes Jahr im Mai frisch Vermählte eine Hochzeits-Obstbaumwiese[34].

Wir hoffen, Euch mit dem Kapitel „Kreativ mundräubern" durch die Beispiele für das Engagement rund um die Obst-Allmende auf weitere gute Ideen gebracht haben, damit in der nächsten Saison weniger Obst ungenutzt unterm Baum verrottet. Wir würden uns räuberisch freuen, davon zu erfahren, wenn Ihr selbst Aktionen durchgeführt oder noch bessere Ideen für die kreative Mundräuberei entwickelt habt. Schickt uns Eure Ideen und Aktionen an info@mundraub.org. Die spannendsten Projekte und Ideen werden in die nächste Version des Handbuches aufgenommen.

# Nachwort & Danksagung



## Am Anfang und am Ende steht die Synergie! Die Geschichte des Handbuches

Jena, im Mai 2011. 5 Gruppen treffen sich auf dem Synagierencamp[35] in Jena, 5 verschiedene Themen rund um Nachhaltigkeit und Ökologie werden 3 Tage lang mit einem bunt gemischten Haufen an Teilnehmern aus ganz Deutschland bearbeitet. Hier begegnen sich erstmals das Team Rugwind und die Gruppe Mundraub. Beide betreuen einen Workshop und Mundraub schreibt in dieser Zeit die erste Auflage seines Mundraub Handbuchs. Wir, Henriette und Nils von Rugwind, hatten schon zuvor von den Allmendefreunden gehört und freuten uns sie hier in Thüringen kennenzulernen. Am Ende des Camps entschieden wir das Handbuch für Mundraub zu gestalten.

*Rugwind entwarf für Mundraub unterschiedlichste Produkte rund um das Züchten und Sammeln von Pflanzen. Eines davon konnten die Spender der Vision Bakery erwerben. Vollständig kompostierbare Samentüten mit dem Saatgut seltener Kulturpflanzen : Die Mundraub-Samenraritäten!*

Wir waren ganz begeistert von der Idee dieses tolle Projekt zu unterstützen, doch wie konnten wir die Kosten für die Herstellung des Buches decken? Wir fanden die Antwort in Leipzig - beim Crowdfunder Stefan Popp. Der Inhaber der Crowdfunding-Plattform Vision Bakery[36] war sofort begeistert vom Mundraub-Esprit und erklärte uns wie man mittels Gruppenfinanzierung gemeinnützige Projekte stemmen kann. Ein Crowd-Funding durch Spenden erschien uns attraktiv in Anbetracht der Tatsache wie viele aktive Anhänger es gibt, die seit 2010 auf der Mundraub-Plattform und bei Facebook munter Standorte und Rezepte austauschen. Gleichzeitig bot es uns die Gelegenheit mehr zu bieten als nur ein Buch zum Räubern. Auch andere Aspekte des gelebten Umweltschutzes wie das eigenhändige Aufziehen von Pflanzen, das Erwerben von Baumpatenschaften oder die Verköstigung selbst gegärten Cidres konnten wir mittels der Gegenleistungen, die die Spender für ihr Geld erhielten, verteilen. Denn Mundraub ist nicht nur kostenloser Obstgenuss, es ist auch das Erhalten und Pflegen unserer Naturgüter.

Also wagten wir dieses Vorhaben und bereiteten schon die ersten Gegenleistungen vor, unsere Samenraritäten, per Hand gezogene alte Kulturpflanzen, die wir handvernäht bereits den ersten Spendern zusenden konnten. In Weimar ergänzten wir die Spendenaktion mit unserem „Saftladen". Selbstgepflückte Äpfel aus der Region verarbeiteten wir mit

Gewürzen zu leckerem Punsch; Kinder und Erwachsene halfen uns (mit der freundlich von der Grünen Liga zur Verfügung gestellten Mostpresse) bei der Saftherstellung. Belohnt wurden wir mit staunenden glücklichen Kindern und den Spenden der Saftgeniesser. Unser Crowdfunding Experiment war spannend, ja geradezu aufreibend und glückte am Ende nach viel Kommunikationsarbeit mit 16 prozentiger Überfinanzierung und über 250 Spendern, die über die Plattform und privat auf unserer Saftpressaktion in Weimar zusammenkamen. Wir sind eines der erfolgreichsten Projekte der Plattform und bedanken uns vor allem bei Jan Frisch, Ekkehard Schleusner und André Reuter die mit ihren generösen Spenden zugleich Baumpaten wurden!

Ehre wem Ehre gebürt! Wir danken nachfolgend unseren Unterstützern, die über die Vision Bakery mit Ihrem Beitrag dieses erste Buch möglich gemacht haben und namentlich genannt werden wollen:
David Steinwender, Sonja Waringer, Christian Rotzoll, Denis Heinrich, Anja Mocker, Carsten Werner, Stephan Nietfeld. Thomas Kalka, Johannes Schuppler, Andreas Schäfer, Jennifer Demmel, Björn Scherler, Lena Ulber, Mona Birker, Juliane Görnitz, Lars Kosubek, Andre Reuter, Michael Schrören, Karl-Christian Böttcher, Michael Sailer

Die Kosten für den Druck der ersten Auflage des Buches wurde teilweise durch die Deutsche Bundesstiftung Umwelt (DBU) übernommen. Wir danken der Buch- und Kunstdruckerei Keßler GmbH in Weimar für Ihre großzügige Unterstützung.

Ein Teil der ersten Auflage des Buches wird an die engagierten Akteure in der ersten Mundraub-Region im Hasetal bei Osnabrück[37] verschenkt einen anderen Teil erhalten die 97 Spender, die über die Visionbakery das Buch direkt unterstützt haben. Wir danken der Bingo-Stiftung Niedersachsen für eine Anteilsfinanzierung dieses Projektes.
Vielen Dank allen Mundräuberinnen und Mundräubern, die Obst in der Plattform freistellen, pflegen und nutzen, Feedback geben und die Idee weiter tragen!

Danke an alle sagen das Rugwind Design Studio und Euer Mundraub-Team!

### Mai 2011

**Synagieren Camp 2011**

*Treffen der Gruppen auf dem Synagieren Camp in Jena. Hier wurde die erste Version des Handbuches geschrieben.*

### September 2011

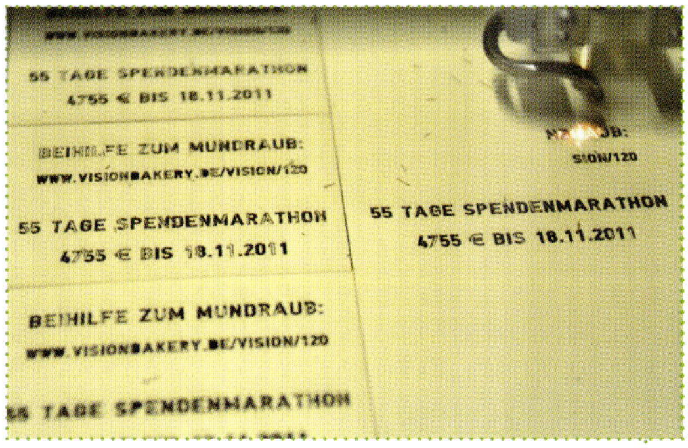


**Vorbereitung zur Spendenaktion auf der Ökorausch - Messe 2011**

*Spendenmarathon für das Buch: „Die Fabrik" in Köln fertigt kostenlos Flyer für das Projekt.*

*Besonders die Gespräche mit den älteren Besuchern und Gartenbesitzern waren interessant und das Interesse an geteiltem Obst gross.*

### November / Dezember 2011

**Mundraub - Produkte als Gegenleistung für die Spenden**

## Oktober 2011

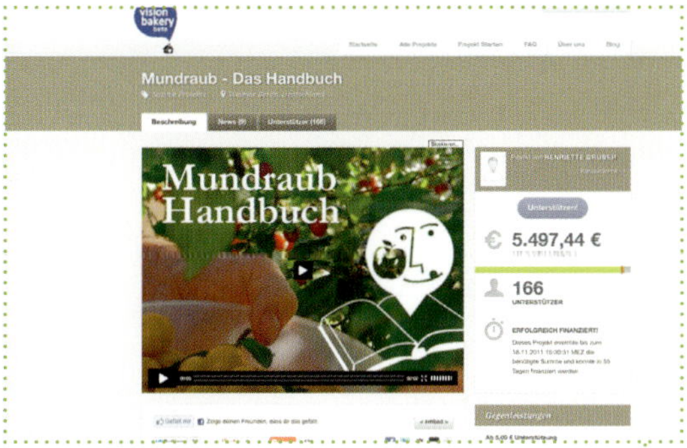


**Crowdfunding: Aufruf zur Spende auf der Vision Bakery Plattform**

*Screenshot der Spendenplattform www.vision-bakery.de*

**Live Spenden-aktion auf dem Zwiebelmarkt in Weimar**

*Wir pressten zusammen mit Kindern und Erwachsenen frischen Saft und sammelten Spenden für das Handbuch*

## ab März 2012

*Herstellung von Samentüten mit seltenen Sämereien durch Rugwind. Diese Gegenleistung für einige Spenden wurde an die Unterstützer kurz vor Weihnachten versendet.*

*Nach der letzten Prüfung der Texte im März konnten wir an die Arbeit gehen. Alle Illustrationen im Buch wurden vom Rugwind - Team handgezeichnet und koloriert*

# Anhang



[1] Der Text ist ein leicht veränderter Nachdruck des folgenden Artikels: Frosch, K. (2012), Mundraub? Allmendeobst, in: Helfrich, S., Heinrich-Böll-Stiftung (Hg.), Commons: Für eine neue Politik jenseits von Markt und Staat, Bielefeld: Transcript Verlag, S. 273 – 274.

[2] Crowdsourcing bezieht sich hier auf die kollaborative und selbstorganisierte Sammlung und Pflege von Informationen zu Allmendeobstbäumen durch eine Vielzahl von eigenmotivierten, den Betreibern weitestgehend unbekannten Akteuren auf der Plattform mundraub.org.

[3] Heilmeyer, M., Wimmer, C.A. (2002), Äpfel fürs Volk, Potsdam: Vacat, S. 33.

[4] Helfrich, S., Kuhlen, R., Sachs, W., Siefkes, C. (2010), Der Gemeingüter-Report: Wohlstand durchTeilen, Berlin: Heinrich-Böll-Stiftung, S. 16-18.

[5] www.ixwin.de/streuobstwiesen_histrorischer_hintergrund.html
und www.lwg.bayern.de/landespflege/landschaftspflege/13917/linkurl_0_4.pdf

[6] http://www.wetteraukreis.de/internet/aktuelles/presse/index_07606.html

[7] Rösler, M. (2001), Perspektiven einer naturverträglichen Nutzungs- und Vermarktungsstrategie für Streuobst aus nationaler und internationaler Sicht. Tagungsdokumentation zur Fachtagung „Obstwiesen in Kultur und Landschaft" 19-20.10.2000 in Bonn-Röttgen, S. 151-166.

[8] Neumann, K. (2005), Alleen als naturkultureller Wertfaktor der Landschaftsplanung, Bedeutung von und Hindernisse für Alleen in der Landschaftsplanung, in: Eid, V., Ellinghaus, D., Funck, P., Koch, H., Manssen, G., Meewes, V., Neumann, K., Peters, J., Schutz von Mensch und Baum –Empfehlungen zum Schutz vor Unfällen mit Aufprall auf Bäume (ESAB), Berlin: Verkehrstechnisches Institut der Deutschen Versicherer, S. 27-41.

[9] Peters, J. (2005), Baumpflanzung als Staatsaufgabe: Entwicklungsgeschichte der Alleen in Brandenburg, in: Eid, V., Ellinghaus, D., Funck, P., Koch, H., Manssen, G., Meewes, V., Neumann, K., Peters, J., Schutz von Mensch und Baum – Empfehlungen zum Schutz vor Unfällen mit Aufprall auf Bäume (ESAB), Berlin: Verkehrstechnisches Institut der Deutschen Versicherer, S. 17-26.

[10] Bosch, S., Rösler, M., May, H. (2000), Pflanzen, ernten, genießen: Im Streuobstanbau vereinen sich Naturschutz und ökologische Landnutzung, Naturschutz heute – Ausgabe 3/00.a

[11] Online-Karte zur Kartierung von Obstbäumen auf www.mundraub.org.

[12] www.pomologen-verein.de/

[13] www.greenpeace.de/fileadmin/gpd/user_upload/themen/chemie/Essen_ohne_Pestizide.pdf

[14] www.arag.de/rund-ums-recht/rechtstipps-und-urteile/sonstige/04704/

[15] www.unser-safthaisle.de/Baumpatenschaft.htm

[16] www.oekoloewe.de/baumpatenschaft.html

[17] www.kreis-anzeiger.de/lokales/wetteraukreis/nidda/11157208.htm

[18] Schweriner Volkszeitung (07.09.2010), Freies Obst für freie Bürger.

[19] www.spechbach.de/news-1/obst-aktion-2010-soll-unser-obst-verderben

[20] www.spechbach.de/news-1/obst-aktion-2010-soll-unser-obst-verderben

[21] www.gartenbauvereine.org/texte/merkinfo/m_VeredelungObst.html

[22] www.nabu.de/themen/streuobst/pflegeundbewirtschaftung/04617.html

[23] www.schlaraffenburger.de/cms/streuobstwiese/obstbaumschnitt.html

[24] creative commons Bildmaterial siehe Bildnachweis

[25] creative commons Bildmaterial siehe Bildnachweis

[26] www.mundraub.org/blog

[27] www.facebook.com/groups/mundraub/

[28] www.nabu.de/themen/streuobst/service/05812.html

[29] www.toepferei-mosterei-ketzuer.de/Mosterei/Mosterei%20Ketzuer%20Index.html

[30] www.kombinatg.org

[31] www.obstsortendatenbank.de/

[32] www.pomologen-verein.de/

[33] Gildhorn, K. (2011), Obsttourismus 2.0, LandInForm 4/2010, S. 43, abrufbar unter http://www.netzwerk-laendlicher-raum.de/fileadmin/sites/ELER/Dateien/05_Service/Publikationen/LandInForm/PDF-Downloads/LandInForm_4_2010_Perspektiven.pdf

[34] www.rothenburg.de/d/ISY/index.php?get=2657

[35] www.synagieren.de/index.php?id=49

[36] www.visionbakery.de/vision/120

[37] www.mundraub.org/Hasetal

# Bildverzeichnis



**Covergestaltung, Satz & Layout:** *Rugwind Design Studio / Henriette Gruber*

**Alle Illustrationen von Rugwind.**

**Illustrationen** *S. 1 - Rahmen; S. 7 - Hochzeitspaar; S. 20 - Schubkarre, Apfelsaft, S. 22 - Apfelkisten; S. 27 - Mostapparat; S. 30 - Bratäpfel; S. 36 - Felsenbirnen, Elexier; S. 49 - Kirschen, Kerne, Tüte, Kühlschrank; S. 50 - junge Pflanze mit Kanne, Sonne, Junger Baum, Baum einpflanzen; S. 55 - Wolke, Gießkanne; S. 57 - (links und rechts) Obstbaumschnitt; S. 58 - Schneiden auf Astloch; S. 59 - Pflanzschnitte, S. 61 - Verjüngungsschnitt; S. 64 - Rahmen 2; S. 65 - Rahmen 3; © Nils Volkmann*

**Illustrationen** *S. 3 - Apfel; S. 8 - Allmende; S. 15 - Äpfel; S. 25 - Dörren an Faden, Dörren auf Hängesystem, Dörren im Apparat; S. 34 - Rumtopf, S. 52 - Reiser schälen, Reiser einschieben, Reiser wachsen; S. 53 - Pflock, Hammer, Schaufel, Schuhe, Draht, Leiter, Band, Zange, Eimer; S. 54 - Pflanzgebiete; S. 55 - gepflanzter Baum; S. 63 - Treehugger, Garten, Kirschenteilen, Händeschütteln © Henriette Gruber*

**Fotos** *S. 1 -Vogel mit Maulbeere; S. 6 - Kirschbachtal; S. 21 -Eichhörnchen; S. 26- gefrorene Holunderbeeren; S. 33 - Himbeeren; S. 38 & 39 - Tür mit Schloss und Griff nach Apfel; S. 42 - Obsternteerlaubnis; S. 60 - Obstbaumschnittbücher; S. 77 - Sarah mit Apfel, S. 80 - Synagierencamp, Tüten nähen, Illustrieren; S. 81 - Spendenmarathon Flyer lasern © Henriette Gruber*

**Fotos** *S. 5 - Tisch mit Äpfeln, S. 9 - Apfelkiste, S. 13 - Äpfel im Baum, Sarah erntet; S. 18/19 - Obstwiese in Blüte, S. 27 - Saftladen in Weimar, Blick ins Schneidwerk des Mostapparates; S. 28/29 - blühendes Rapsfeld; S. 30 - Apfelsorten , S. 37 - Entdeckung im Feld; S. 44 - Kind bei der Ernte; S. 46 - Mädchen im Baum; S. 56 - (oben) Bienenhotel, S. 62 - Maulbeeren; S. 64 - Obstbaum, S. 68 - Apfelsortenbeute, Trinkbecher für warmen Apfelsaft © Nils Volkmann*

**Fotos** *S. 5 - Kinder beim Mostpressen; S. 68 - Junge beim Saftpressen, Omas schauen; S. 81 - Kinder an der Presse, Saftladen © Michael Grunwald*

**Fotos** *S. 5 - Kai im Baum; S. 13 - Birnen, links und rechts; S. 35 - Sack Äpfel auf dem Rücken; S. 65 - Arme voller Birnen; S. 67 - Screenshot der Mundraub Seite Sommer 2012; S. 74 - Ernte mit Korb, in der Mostanlage; S. 75 - Saft im Bus © Mundraub*

**Fotos** *S. 11 - Commons © transcript Verlag; S. 23 - Cox Orange © Sven Teschke; S. 56 (mitte) Benjeshecke bei Syke © Wikimedia Commons / User: Kamel 15; S. 56 - (unten) Schlosspark Lechenich - Brutkästen im Parkgelände © Willy Horsch*

### *Schriften*

*Große Überschriften:* Yanone Tagesschrift *von Jan Gerner,*
*www.yanone.de*
*Fließtext und Marginalen:* Vollkorn, reg. *Vollkorn, italic. von Friedrich Althausen*
*www.friedrichalthausen.de*
*Unterüberschriften:* ***Vollkorn bold italic*** *von Friedrich Althausen,*
*Infoboxen:* Puritan 2.0 *von Reading Type / Ben Weiner,*
*www.readingtype.org.uk*

*Alle Schriften sind unter der Creative Commons Licence lizenziert und somit wie unser Obst ein für uns nutzbares Gemeingut unter bestimmten Rechten und Vorgaben (Infos unter www.creative-commons.org). Die Autoren der Schriften erlauben uns, daß wir ihre Werke für unser Buch kostenfrei benutzen dürfen. Wir danken den Typographen für das Bereitstellen ihrer Schriften.*

# Meine Notizen

# Meine Notizen

# Meine Notizen

# Meine Notizen